JN205822

獣医師が教える

長生き愛犬ごはん

福井利恵
獣医師

BAB JAPAN

はじめに

愛犬ジョニーと2023年5月7日にお別れをしました。21歳2か月の大往生でした。

ジョニーは、13歳のとき、保護犬からうちの子になりました。先住犬が亡くなってから3年、久しぶりに犬が我が家に来ることになりました。ワクワクしながらお迎えにいった日のことが、まるで昨日のように思い出されます。


犬を飼っていつも悩むのは、食事のことです。ドッグフードは、ペットショップはもちろん、スーパーやホームセンターに行くと、年齢別、犬種別、持病のある子のためのものなど、たくさん販売されています。

しかし、先住犬が最期に喜んで食べたのが、人間のごはんであったことを経験した私は、手作りごはんをあげていけることも学んでいました。

「今度の子はどうしよう」。

ジョニーを見つめてしばらくどうするかを考え、「ごはんは毎日、私がつくってあげよう！」

はじめに

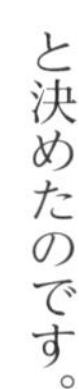

と決めたのです。

ジョニーにはじめてあげた手作りごはんは、豚肉と野菜のおじやでした。とっても喜んで食べてくれました。その日から手作りごはんを続け、ジョニーは21歳を超えるまで楽しく生ききりました。

最期の2日間だけごはんを食べられませんでしたが、それまでは毎日毎日、私のつくるごはんを喜んで食べてくれました。晩年、足腰が弱くなっても、耳が遠くなっても、目が見えなくなっても、私のつくるごはんがあれば元気になれる！とでもいうように、たくさん食べてくれました。ごはんは活力のもととなる、文字どおりパワーフードだったと思います。

ジョニーとともに過ごした日々は、本当に私自身、心豊かで楽しかったです。うちに来たときにはもう歯が全部なくて、舌は口の端からベロンと出ていました。体調もとてもよいとはいえませんでした。散歩の途中で歩けなくなったり、ひどい下痢をしたことなどもありましたが、そのたびに断食や食事の工夫と、アニマルレイキという手当て療法で乗り越えてきました。

この本は、私がジョニーのために学び、考案し、実践した、食事の作り方と養生のレシピ、そして犬の栄養学と考え方をお伝えしています。あなたが愛犬にどのような食生活を送らせたらよいかを、わかりやすく伝えたつもりです。

まずは一度、つくってみませんか？　そして、ぜひいつものごはんのときと、手作りごはんのときとの反応を確かめてください。食べる前の反応、食いつき、食べたあとの器のなめ方……。愛犬が喜んでくれたなら、飼い主のちょっとした手間も報われます。

それが毎日の習慣になれば、手間と感じなくなるでしょう。ドッグフードも喜んでくれているでしょうが、食材のにおいや味、歯ざわりなどをダイレクトに感じられる手作りごはんは、「栄養を体に取り込む」だけではなく、さまざまな感覚を豊かにしてくれます。それは、あなたの大切な犬が、生きることをより楽しんでくれることにつながるに違いありません。

私とジョニーの軌跡が、あなたの愛犬の健康で幸せな日々づくりに役立ちますよう、願ってやみません。

目次

第2章

長生きごはんのコツ2 犬の栄養学を知る

もくじ

第3章 長生きごはんのコツ3 体に「毒」を入れない

第4章

実践！　手作り長生きごはん

具合が悪いときのごはん

第6章

手作りの調理タイムとヒーリング時間

長生きごはんのコツ１

続けるためには無理をしない

長生きの秘訣は手作りごはん

犬は食欲が大切です。食べることで元気になります。ジョニーは「ごはんだ、ごはんだ！」とお別れする3日前までガツガツ食べていました。手作りごはんをつくっていると、よいにおいがしてきて、すぐにそれを察知します。「ああ！　ぼくのごはんだ！　ママがごはんをつくってくれている！」と、愛を感じている時間だったようです。

ジョニーは20歳から目が見えなかったのですが、ごはんの準備ができると、目が見えないのに机や椅子に全くぶつからずに、ごはんのところへ進みます。第三の目で見ているのか、鼻の能力が立派なのかわかりませんでしたが、食事への真剣さが伝わってきました。食べることへの興味や楽しさが、ジョニーの長生きの理由の一つだったのでしょう。

ドッグフードでは、このようにはいかなかったと思います。まず食事をつくる時間がないから香りもしません。何の料理ができるだろうというワクワク感もありません。料理を手作りしているときの、飼い主と犬とのコミュニケーションは、その後の食事のうれしさ

長生きごはんのコツ1

続けるためには無理をしない

や楽しさにつながるのです。この食事前のお料理時間と、待ちに待った食事の時間が、犬が健康を保つためのヒーリングタイムです。

おいしいから、食べたい！　うれしい！　わーい！　今日は肉だ～！！と喜んで食べてくれます。愛犬が喜ぶということを一番に考えてあげたいですね。

また、高齢犬ほど、水分不足により体力の低下が顕著になります。老化によって代謝が落ちてしまい、自分で水分補給のコントロールができなくなってくるのです。内臓の病気や、体調不良を感じている場合にも水分が不足しがちです。本来食材の中に多く水分が入っていますから、食事をしていると水分不足の心配はないのですが、高齢犬は食も細くなります。水自体をごくごく飲むことも少なくなります。

犬の水分補給のためには、肉や野菜を水煮にして冷ましたスープをあげるのがおすすめです。水分にプラスして具材に含まれる栄養もとれます。具材は食べやすいように細かく切ります。もし具材を食べなかったとしても、スープに溶け出ている栄養素もあるので、汁だけを飲んでも栄養補給になります。栄養分と水分を一度にとれるのが最大のメリットです。

ドッグフードを食べなくなる高齢犬ほど、手作りごはんは喜んで食べてくれます。ジョニーが来る前に飼っていた先住犬がまさにそうでした。私が手作りごはんをあげるようになったきっかけは、出身大学の恩師に我が家の犬がドッグフードを食べなくなったことを話したら、「人のごはん（白飯）をあげてごらん」と言われたからです。

試しに白飯をあげてみたら、ものすごい食欲！こんなうまいもの、この世にあったのか！！という感じで食べ、その後しばらく元気にしていました。その子は亡くなる前日まで、手作りごはん食べていました。

高齢犬にこそ、手作り食を味わわせてあげたいですね。ぜひ、体験させてあげてほしいと思っています。

手作りごはんは簡単につくれる

「愛犬のための手作りごはん」と聞くと、まず最初に何を思い浮かべますか？

「毎日はたいへんそう」

「私にできるかしら」

「食材選びがわからない」

など、マイナスなイメージが浮かぶかもしれません。手作りごはんをはじめる前はわからないことが多すぎて、続けられるかどうか心配になりますよね。

しかしそんな方にこそ、ぜひ手作りごはんにトライしてほしいなと思います。なぜなら、思っているよりずっと簡単だからです。案ずるよりも生むがやすしといいますが、まさにそのとおりなのです。

つくりはじめるまでは、栄養学や献立作成、下ごしらえの方法など、考えなければいけないことがたくさんあるようなイメージを持っていることでしょう。でもそんなことはあ

りません。難しく考えずに、私たちがいつも人間に対してつくっているようにつくれば、十分なのです。ほんの少しだけ、愛犬向けに作り替えるだけで大丈夫ですから、不安にならないでくださいね。

獣医師として毎日を過ごす中で、多くの犬と飼い主に出会います。飼い主に「ふだん、ごはんは何をあげていますか?」とお聞きすると、ドッグフードの方がかなり多いと見受けられます。

ペットフード生産量は年々増えており、２０２２年の農林水産省の調査データでは、年間出荷総額は３５１７億９千９百万円で、そのうち犬用のドッグフードは１６０７億9千9百万円となっています。ドッグフードが犬の主食として利用されているのは、飼い犬の約90%以上だともいわれています。

ドッグフードは、メーカーが考えぬいた成分でつくられており、主食として利用すれば栄養はしっかりとれることでしょう。多くの犬がきっと今までどおりに生命を全うすると思います。

ただ、せっかくの手作りごはんの楽しさを知らずに過ごすのは、とてももったいないこ

長生きごはんのコツ1

続けるためには無理をしない

とだと思います。愛犬と一緒に過ごす調理の時間や、でき上がった食事を一緒に食べる幸せなときは、かけがえのない時間です。調理時間は犬の嗅覚も刺激して、飼い主にも犬にとっても、きっと素晴らしい毎日になるでしょう。手作りごはんが私たちに与えてくれるプラス面は、数えきれないほどあるのですから。

手作りごはんにトライしない理由はなんでしょう。なんとなく気になっているけど、難しいと思っている、いったん切り替えても挫折したらどうしよう……などといった、取り掛かる前の段階の、不安や心配から断念されている方が多いですね。また、忙しくてつくる時間がない、という方も多いかもしれません。

そういう方に伝えたいのは、「手作りのごはんは、ポイントだけ押さえてしまえば、あとはとっても簡単！」ということです。基本的な考えは「できるだけ自然なものをあげればよい」ということです。

ごはんをつくるにあたって、食材選びが難しいと思いがちですが、どちらかというとドッグフード選びよりも簡単です。ドッグフードは、総合栄養食や間食用、療法食などの種類がたくさんあり、また年齢別や犬種別でもさまざまなものが販売されています。配合成分もチェックするとなると、どれを選んでいいか悩ましくなります。

その点、手作り食の場合、私たちが毎日自分たちや家族のためにつくっているごはんと同じと考えればよいのです。大切な愛犬のためにつくる食事は、その心持ちや手順としては、いつもつくっている料理と同じで、人につくる食事とほとんど変わらないからです。


栄養学辞典の知識に振り回されてマニアックにつくるよりは、気楽に適当なくらいでいいんだと思います。気を張らずに気軽な気持ちで、まずスタートしてみることが大切です。私も毎日続けるためにも、気負わず楽しくつくっていました。

今日はどうしても忙しくてつくれない、なんていう日があってもかまいません。料理をつくる時間は飼い主にとっても癒やしの時間としたいですから、無理は禁物です。

私の献立の定番は、簡単につくることのできる、肉や野菜を入れたおじやでした。これなら時間が足りないときでも、さっとつくることができて、私の心の負担も減ります。

入れる食材を変えていけば、つくる手順は同じでも、でき上がった歯ざわりや栄養に違

長生きごはんのコツ1
続けるためには無理をしない

いが出ます。なるべく前日とは違う食材を使うようにするとよいでしょう。

ドッグフードを毎日食べるとなると、食感も風味も毎日まったく同じになりますが、手作りの場合、日々の食事に変化が出ます。昨日は小松菜を使ったけれど、今日はにんじんに変えてみよう、と「違う食材を使う」ことに気をつけていれば、手順や調理法は同じでも構いません。そうすれば栄養バランスも偏らず、調理も簡単に短時間ででき上がります。犬にとっても、違う歯ごたえや風味を感じて、食事の時間が楽しみになることでしょう。

基本さえ押さえていれば、時間短縮で簡単につくれるメニューで十分です。私たちもつくることが楽しくなるし、飼い主がハッピーでいると犬もリラックスして安心した気持ちになります。食事の時間=楽しい時間にしましょう。

買った「手作り」に愛は入っている？

最近では「犬の手作りごはん」といった商品も販売されています。国産の食材を使って、着色料や香料無添加の品もあります。中には肉を食べやすく丸めて冷凍し、保存期間を長くしているものなどもあります。市販品でも、いろいろな種類の手作りごはんを見かけるようになりました。工夫されていて、見た目も美しいものが多いですね。とても便利だと思います。

かくいう私も、いくつか取り寄せてジョニーにあげてみました。ジョニーは珍しい食事に驚いて、まあ、喜んで食べます。いつもと違った食事や味つけに喜ぶので、こういったものもうまく利用すればいいのかもしれません。

ただし、やはり手作りごはんといっても市販品です。また、すべての犬たちに喜んで食べてもらえるように、一律な味つけがされ、個々の体調に合わせた個別の対応はできません。

SMILE

長生きごはんのコツ1

続けるためには無理をしない

人間の私たちが手作りごはんで一番おいしく感じる「おふくろの味」は、市販の手作り風●ごはんでは感じることができないのです。

犬にとっての「おふくろの味」は、飼い主がつくった、温かい、ふっくらしたおいしいごはんだと思うのです。犬1匹1匹の体調や年齢に合わせて考えて、好みなども踏まえながらつくる飼い主の手作りごはんに、勝るものはありません。

飼い主が愛情をこめてつくることで、真心が犬にも伝わります。日々一緒に過ごしているのですから、お腹の調子が悪いなとか、今日はお腹を空かせているなとか、水分が足りているかなとか、その日の様子を見ながら食材を選んだり、調理方法を変えたりすることができますよね。

「そこに、愛はあるんか？」をキャッチフレーズにしたコマーシャルがありますね。その「愛」こそ、犬たちが求めていることなのかもしれません。

では、食事から愛を感じるということはどういうことでしょうか？　それは、でき上がった食事そのものに愛が込められているかどうか、ということです。

私たち人間に置き換えて考えてみましょう。次の三つのうち、どれが一番癒やされ、安心できると思いますか？

1　コンビニのお弁当
2　チェーン店での外食
3　家族の手作りごはん

1や2は、たまになら楽しいかもしれません。濃い味つけや斬新な盛りつけなど、いつもと違う味わいにワクワクするでしょう。でも、毎日のことだと考えてみてください。目新しさもなくなって、口に残る味わいだけを比べてみると、やはり家庭の味、おふくろの手作りの味は飽きがきません。

毎日食べても、何年、何十年食べつづけても、「また、あれが食べたい」と思えるほど心身に染みわたります。体の具合が悪いときほど、家でふだん食べている料理で元気になれるものです。

長生きごはんのコツ1
続けるためには無理をしない

そして、食事時間というのは、ただ食べるだけのものではなく、飼い主と犬が一緒に過ごす時間という意味合いもあります。ごはんができるまで待っている時間や、今日メニューは何だろう？といったコミュニケーションも、味つけの一部となります。「頑張ってつくってくれている！　どんなごはんができるのかな」と、ワクワクしながら待っている愛犬は、その時間にも飼い主の愛を感じていることでしょう。

調理中は食材の香りが部屋に広がり、嗅覚も刺激します。老化が進んだ犬の場合、嗅覚も衰えてきますから、よい刺激になります。炒めたりゆでたりすると食材が温められ、においも強くなります。そうすると嗅覚に反応が現れ、食欲も湧いてきます。

ゆったりとリラックスできる、ヒーリングタイムのような食事時間を、犬と毎日持てるとよいですね。そこに愛はきっとあるでしょう。

手作りごはんのメリット 何が入っているかがわかる！

SMILE

ごはんを自分で選んだ材料でつくるのですから、入っている食材がわかっています。ごはんに使用する材料すべてを、自分で選ぶことができます。

購入する市販のドッグフードの場合はどうでしょうか。配合成分はパッケージに書かれていますが、その大元の原料が詳しくはわからない場合も多くあります。配合割合や食材一つ一つの生産国なども明らかになっていないことが多いですね。悪質な場合、原料には人間が食べないレベルの、捨てるような、くず野菜やくず肉の食材を使うこともあるかもしれません。

レンダリングといって、人間の食用には適さない肉を利用して、細かく砕いたり加熱処理をしたりして、動物用の飼料にすることがあります。レンダリングとはアメリカで生まれた言葉で、食用にできないような家畜の一部分である、くず肉の脂肪を溶かして、精製し、油脂にするという意味があります。これは成分表を見ただけでは、レンダリング食なのか

どうかはわかりません。

また、ドッグフードにはまれに食品添加物や一部の脂など、継続的に体に入るとよくないものもあります。毎日食べると、配合割合なども含め、体に影響が出てくることが懸念されます。

そういう世界から一歩抜け出して、原材料にこだわりたい方のための究極の形が、手作りごはんなのです。

長続きの必殺技！「取り分けごはん」

さて、いざ手作りごはんをはじめてみよう！と思ったあなた。最初は人間用の食事からの「取り分けごはん」からはじめてみましょう。

取り分けごはんとは、人間用の（自分や家族のための）食事をつくっている途中で、味つけをする前に、犬用に取り分けておくことをいいます。そうすれば一度に家族と犬の食事をつくることができますし、栄養面でも心配がなくなります。

愛犬のための手作りごはんのほとんどが、人間と同じ食材を使います。工場でつくられたドッグフードは、小麦粉を固めた練りフードをベースにしているものが多いですが、手作りごはんは自分達が食べる食事と同じように、そのままつくればよいのです。

私の場合は、朝、野菜スープ（玉ねぎなし）をつくって、つくる過程で愛犬の分だけ取り分けています。取り分けごはんの場合、犬と飼い主が一緒にごはんを食べますから、なんだか心が通じ合う気がしませんか？　同じものを食べることの喜びもあります。

SMILE

長生きごはんのコツ1

続けるためには無理をしない

そもそも、昔は犬も人間と同じごはんを食べていたはずです。それが、近年はほとんどの犬の食事が、市販のドッグフードになってしまいました。しかし、栄養的に問題ないのであれば、基本は人間のごはんを分けてあげたら、どんなに愛犬も楽しいでしょう。

「今日は、焼き肉だよ」

「今日は、うなぎだよ（笑）」

特にこの二つのメニューは、ジョニーはとってもご機嫌になり、わくわくしながら食事ができるのを待っていました。焼き肉もうなぎも、つくる途中の過程で取り分けておきます。

焼肉の場合、肉をしっかりと焼いたら、タレをつけずにあげます。人間がおいしそうに食べていると欲しがるので、1枚だけ取り分けてあげるととても喜びます。

うなぎは、私がうな丼を食べているとき、ジョニーに1切れ分けてあげましたが、おいしそうに食べていました。うなぎの細切れをさらに小さく切って、ごはんを一口くらい取り分け、その上にうなぎをのせてあげました。超ミニうな丼のようになります。この場合は、味もついていました。毎日あげてはいけませんが、記念日やたまになら、お楽しみごはんとして1切れ程度は許せる範囲でしょう。

食べたらいけないものは避けるべきですが、あまりに神経質になっては飼い主も犬もストレスが溜まります。「たまに」「記念日だけ」という日もあると楽しめますね。

一緒の食卓で喜びを分かち合い、ママたち（飼い主）と同じ食事を食べておいしさを分かつことで、愛犬は愛を感じて、幸せいっぱいになることでしょう。

取り分け食のいろいろ

毎朝つくる自分用のみそ汁から、取り分ける方法です。

鍋に湯を沸かし、野菜などの具を入れます。人間が食べる食材ですから、しいたけや小松菜などいろいろ入れて具だくさんにしてもよいでしょう。食材に火が通ったら、具だけを半分取り出します。取り出した具はそのまま冷ましておきます。これが犬用になります。

鍋にみそと出汁を入れて、みそ汁をつくります。こちらは人間用になります。

取り出して冷ました具は、そのまま愛犬にあげてもいいですし、量が多い場合は1回分をとって残りは冷凍にし、別の日のおかず用に保存しておきます。犬にあげる場合は、プラスして煮干しの粉、すりごまなどを振りかけてあげると、栄養バランスが整います。

またみそ汁だけでなく、人間用のシチューをつくるときや、水炊きなどの鍋料理をつくるときなども、味つけをする前に煮えた具を取り出しておくことができます。この方法なら、さまざまなメニューで実践できます。カレーライス、肉じゃが、筑前煮、野菜炒め、など、調味料を入れる前に取り出します。このとき、小さい鍋があると便利です。取り分けたあと、さらに柔らかく煮てあげられます。

注意が必要なのは、犬が食べてはいけない食材を使っているときは、取り分けができません。後述の第４章に、犬が食べてはいけない食材をまとめてありますので、そちらを確認してから行ってください。

このように、手作りごはんといっても頑張らなくても大丈夫です。人と同じ食材を取り分けたり、一度につくって冷凍保存して利用したりと、手間をかけないのが長く続けるコツです。

手作りごはんはとても簡単です。ぜひ一緒にやってみましょう！愛犬と一緒に食べる食事は楽しくて幸せですよ。素敵な1日を過ごしましょう。

作りおきでも大丈夫

手作りごはんを毎日つくるようになったら、今度は献立作成に悩むようになるかもしれません。どんな食材をそろえよう、メニューはどうしよう、と食事時間が来るたびにそわそわしてしまいます。でも大丈夫です。そんな悩みを解決するのにおすすめなのが「ごはんの作りおき」です。

下ごしらえまでして食材を作りおきしておくと、あとは食材の合わせ方を変えるだけでき上がります。下ごしらえは、野菜や肉を切って煮ておけば（水煮）、そのまま冷凍して3週間くらい食べることができます。

水煮ですから、調味料はいっさい入れません。野菜だけ、または肉だけをゆでて小分けにします。または、ある程度のセットにして（豚肉とキャベツのセット、鶏肉とにんじんのセット、など）ひとまとめにしたものを、小分けにして冷凍しておくと便利です。

私も週に一回、まとめてごはんをつくる日を決めて料理をしていました。ジッパーつきのフリーザーバッグに４日分まとめて入れて、半冷凍の状態で箸などで袋の上から４つに割っておくと、あとから小分けに出すときに便利です（１２４ページ）。

何度もつくっているうちに真空パックに入れることを思いつき、キットを購入して真空加工もしていました。衛生的で長持ちもして、とても便利です。私たちがお弁当用におかずを冷凍保存するのと同じです。

解凍は、食べる前日に冷蔵庫に移しておくといいでしょう。食べるときに温めたい場合は湯せんにしたり、鍋で温めたりしていました。電子レンジはどうしても時間が足りないというときに使う程度で、なるべく自然解凍にしていました。

このように1週間分～ほぼ1か月分まで、まとめて作りおきをします。たとえば、1食分つくるのも1週間分つくるのも、手間はそれほどかかりません。基本のごはんは下ごしらえまでしておいて冷凍保存し、あとは日々の家族の食事からトッピングのおかずをいただくのがおすすめです。

コラム

保護犬「ジョニー」を迎え入れた日

ジョニーをはじめて知ったのは、千葉市の愛護センターのホームページでした。ジョニーを見た瞬間、目がかっと開き、頭がしびれた感じがしたのです。他の子を見てもそんなことはありませんでした。

保健所へ面会に行き、お散歩をさせてもらうと、ジョニーは前足をベンチにのせました。そして降りてくるっと私の方を向いて、お座りし、「にこっ」と笑ったのです。お見合い成立！の瞬間でした。

家に迎える日、センターで名前をつけて書いていくように言われました。昔の愛犬ジョンの生まれ変わりだと信じていた私は、「ジョンじゃないし……じょ……にー？ジョニー？」と、ジョニーの名前が決定したのです。

朝は私のベッドまできて、「朝だよ！　お散歩だよ！　トイレだよ！」と起こしてくれます。ジョニーは必ず、私の様子を見ながら自分の行動を決めていました。それから、21歳まで私の仕事を手伝いながら、ずっと一緒に過ごしてくれました。

長生きごはんのコツ２

犬の栄養学を知る

人間と犬の違いを知る

犬には、与えられない食品を除けば、人の食事からの取り分けを与えても大丈夫なのですが、必要栄養量は人とは大きく異なります。そもそも体重が人よりも軽い犬が多いのですから、その場合は必要栄養量も少なくなります。それを理解していないと、必要量以上に食べさせ、肥満を引き起こしてしまいます。

中年期からはとくに、肥満にならないように気をつけましょう。糖尿病や心臓病を引き起こす原因となるからです。犬の体格と、毎日の運動量に合った食事の量をあげましょう。巻末の資料に、体重と年齢別のカロリー摂取量の目安があるので、参考になさってください。

犬に塩分はいらないと思っている方がいるようですが、そういうわけではありません。最低値は設定されています。人間に比べると必要量が少ないだけで、犬にも塩分は必要です。

ただ、私がよくつくった「豚肉と小松菜のおじや」ですが、味つけをしない状態で塩分量を測ると、1g程度が測定されます。まったく味つけをしていなくても、それだけの塩

HAPPY!

分がもともとの食材中に含まれているのです。

1gというと、犬に必要な量を換算した場合、体重約5kg分になります。人間の体重の場合に必要な量（2000kcal）に換算すると、塩分は1日に8g程度必要だということになります。塩で味つけをしなくても、食材そのものの塩分だけで1食1gは摂取するのですから、人でも、調味料なしでこれだけの塩分をとっていることに気づかされます。

犬の場合、わざわざ調味料として塩を加える必要はないのです。塩分に限らず、砂糖やうまみなどの調味料は必要ありません。調味料は毎日とると、腎臓に負担をかけます。腎臓を守りたければ、調味料を控えましょうと飼い主さんにもいつもお伝えしています。

たまに飼い主さんから、「みそ汁などから取り分けようと思うときに、だし汁が入っていても大丈夫ですか」との質問を受けることがあります。だし汁は、かつお節や昆布などからとっただし汁なら大丈夫です。

しかし、粉末状の加工だしやうま味調味料には、砂糖や食塩が添加されているものがあります。もしそのようなだし汁を使っている場合は、だし汁を入れる前に野菜を煮て、犬の分だけ野菜を取り出してから、だし汁を入れるようにしましょう。

犬に必要な栄養は？ 基本がわかれば、あとは簡単！

手作りごはんをつくろうと考えたときに気になるのが、「栄養は足りているか」ということです。ドッグフードのように多くの栄養をとることができるようにつくらなくては！と思うと、たくさんの食材を使わなければいけないのかと、たいへんに思いますよね。でも大丈夫です。必要な栄養の基本がわかっていれば、あとはとても簡単です！

犬に必要な栄養素は、人間と同じ「６大栄養素」です。つまりは、体をつくる構成要素そのものが必要になります。

体を構成している細胞は、常に入れ替わっています。体内に取り入れた栄養素を、生命の維持のためやエネルギーをつくるために、必要な物質に変えることを「代謝」といいます。たくさん食べても、常に代謝をするために利用するので、毎日新しい材料を体内に取り入れることが必要なのです。これは犬も人も同じです。常に栄養を取り入れて新陳代謝を促すよう、６大栄養素を摂取するように心がけましょう。

6大栄養素とは？

6大栄養素とは「糖質・たんぱく質・脂質・ビタミン・ミネラル・食物繊維」のことをいいます。それぞれについて詳しく解説しましょう。

糖質

主に体を動かすエネルギーになります。血液を巡って体全体に行きわたり、体の源にエネルギーを供給します。脳のエネルギー源でもあるため、不足するとの頭の働きが鈍くなります。甘いものだけでなく、ご飯やいも類に含まれるでんぷんも糖質の仲間です。米、小麦胚芽、いも類、かぼちゃなどの食材があります。

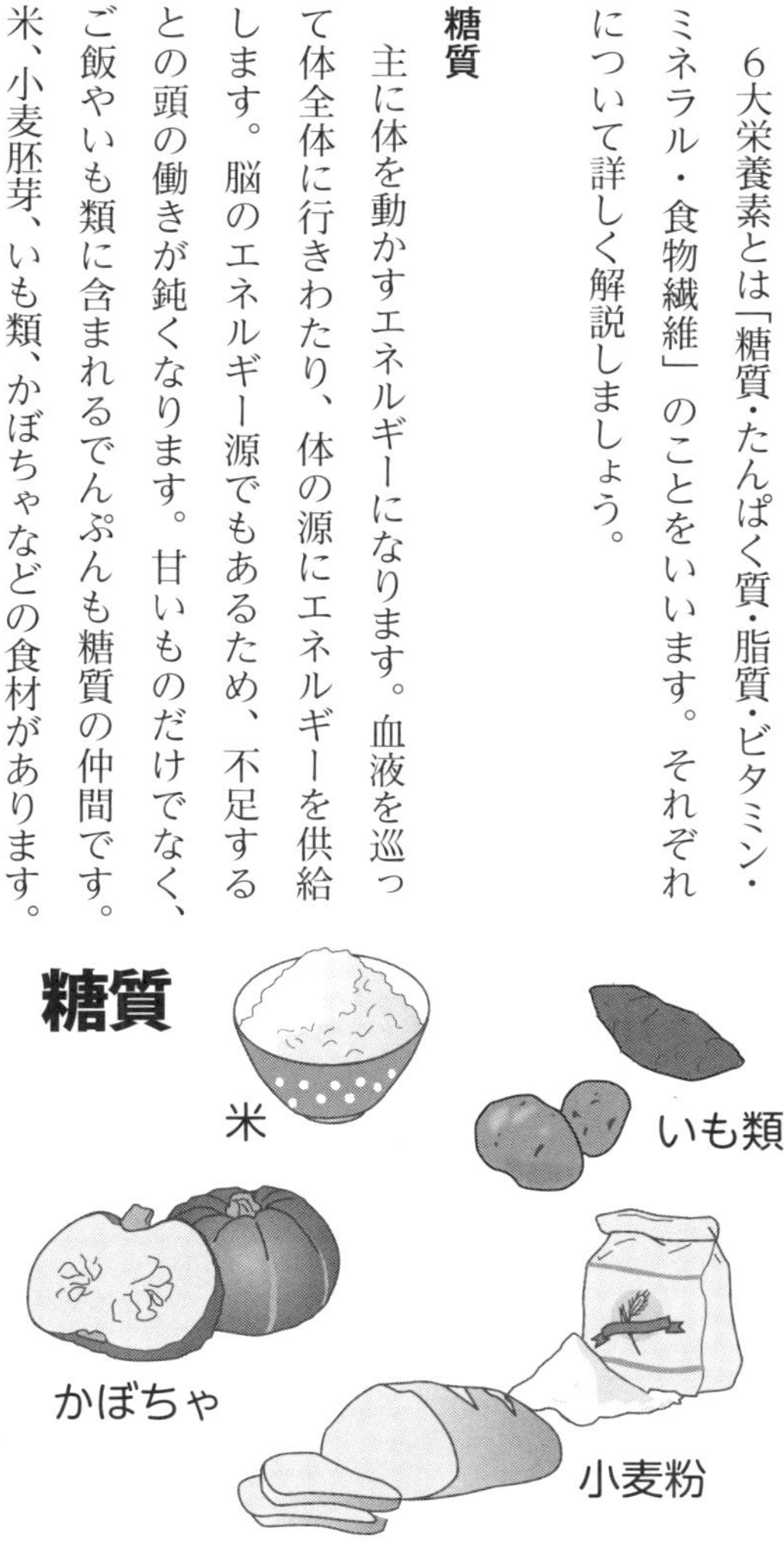

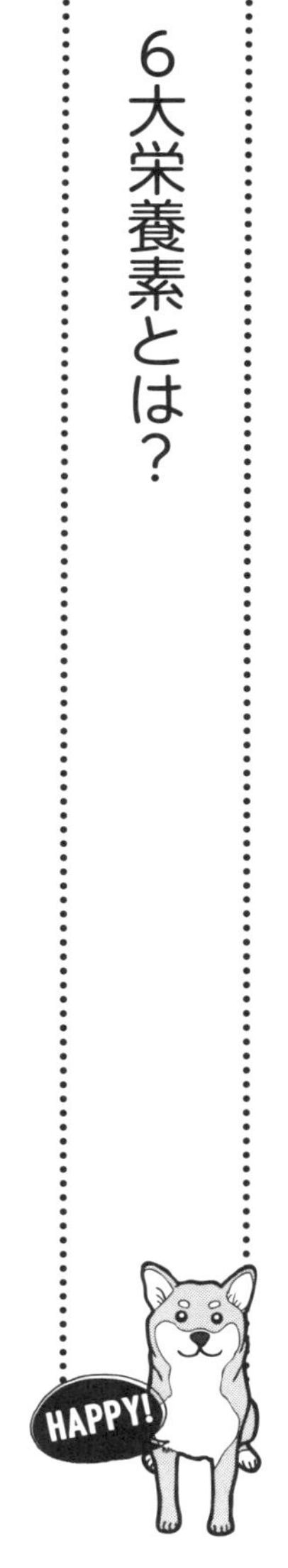

たんぱく質

　体の組織を構成し、骨や筋肉などを形作る成分です。十分な筋肉と体力維持のためには欠かせない成分で、動物性たんぱく質と植物性たんぱく質があります。動物性たんぱく質には豚肉、鶏肉、ラム肉、馬肉、猪肉、魚などの食材があります。植物性たんぱく質には、豆類、穀物類などがあります。体をつくる主成分となるので、毎食補給することが大切です。

　たんぱく質の構成成分は約20種類のアミノ酸です。そのうち9種類のアミノ酸は体内で合成できないため、食事からとる必要があります。肉や魚、卵、大豆には多くの必須アミノ酸が入っているので、日常的にこれらの食材を使うようにしましょう。

たんぱく質

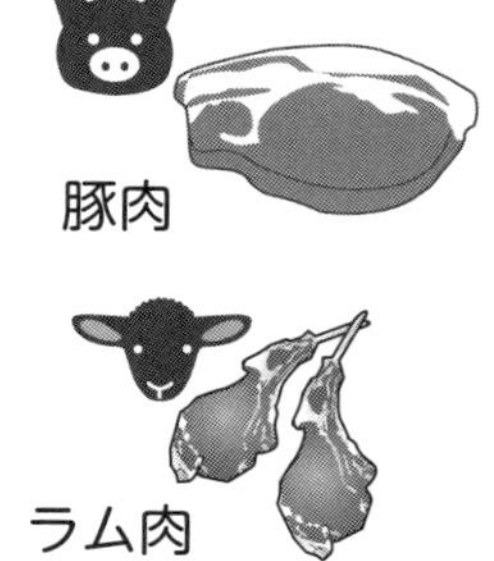

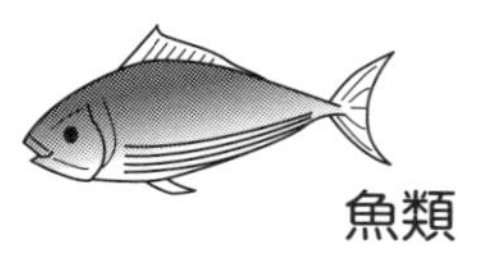

脂質

体内で貯蔵されてエネルギー源となります。筋肉や臓器で力や熱を生産します。また、ホルモンの構成成分ともなり、体温の保持のためのエネルギーをつくり、内臓も保護する役割があります。脂質は肉類に含まれるものや、植物油脂類に含まれるもの、魚類・乳類・穀類に含まれるものなどさまざまです。積極的にとるなら、オメガ3脂肪酸を含む油脂がおすすめです。

オメガ3脂肪酸は不飽和脂肪酸で、中性脂肪を下げる働きがあります。魚に含まれるDHAやEPAは、オメガ3脂肪酸です。DHAは脳の老化予防になるだけでなく、子犬期のトレーニングの向上が期待できます。また、EPAは血栓の予防にもなるため、オメガ3脂肪酸が含まれる青魚を食事に積極的に取り入れましょう。ただし小骨などはきちんと取り除くように注意しましょう。

ビタミン

3大栄養素（糖質・たんぱく質・脂質）の代謝を助けて、体の調子を整える役割があります。必要なだけのビタミンは体内では十分に合成できないため、食品から摂取しなければいけません。ビタミンの摂取量が少なすぎると、栄養障害を起こすことがあります。野菜類、肉類、魚介類などに多く含まれます。各ビタミンについては49ページで詳しく解説します。

ミネラル

ほとんど体内で合成されない栄養素で、体の機能を調節します。体組織の構成成分ともなり、血液や筋肉に必要な栄養成分です。ミネラルの代表的なものには、ナトリウムやカリウム、マグネシウム、カルシウム、鉄、亜鉛などがあります。特に犬は鉄分や亜鉛などが不足しがちになりますので、注意が必要です。ミネラルは野菜類、魚介類、海草類などに多く含まれます。

食物繊維

腸の中で有益な働きを持ち、健康には欠かせない栄養素です。脂質や糖質を吸着して、体の外に排出する働きがあり、体内のお掃除をしてくれます。また血糖値上昇がゆるやかになる効果もあります。肥満や脂質異常症の予防にも効果があります。食物繊維は野菜類、穀類、海藻類、きのこ類などに多く含まれます。

これらの栄養素を取り入れたごはんづくりのポイントは、たんぱく質と糖質の割合で、だいたい同じくらいの分量にします。肉や魚と、白飯（白米を炊いたご飯）の分量をだいたい同じにし、ビタミン、ミネラル、食物繊維を含む野菜は最低同じ分量、食欲がある場合は肥満を防ぐため、野菜を増やしてかさ

増しします。
ジョニーには、ご飯（白飯・いも類）と肉類（肉・魚）と野菜（キャベツ・にんじんなど）を30gずつ使って食事をつくっていました。そこに、レバーやごま、煮干し、油脂分などを追加して栄養を補っていました。毎日、人間の食事と同じ材料から取り分けるので、基本的に前日とは違う食材をあげることになります。そうすればいろいろな食材をあげることになるので、栄養不足が問題になることはありません。この割合を念頭に置いて、気軽にはじめてみてくださいね。

犬には何をどれだけあげればよいのでしょう。多くのペットフードメーカーが参考にしている指標の一つに、AAFCO（アーフコ。The Association of Ameridcan Feed Control Officials）が出して

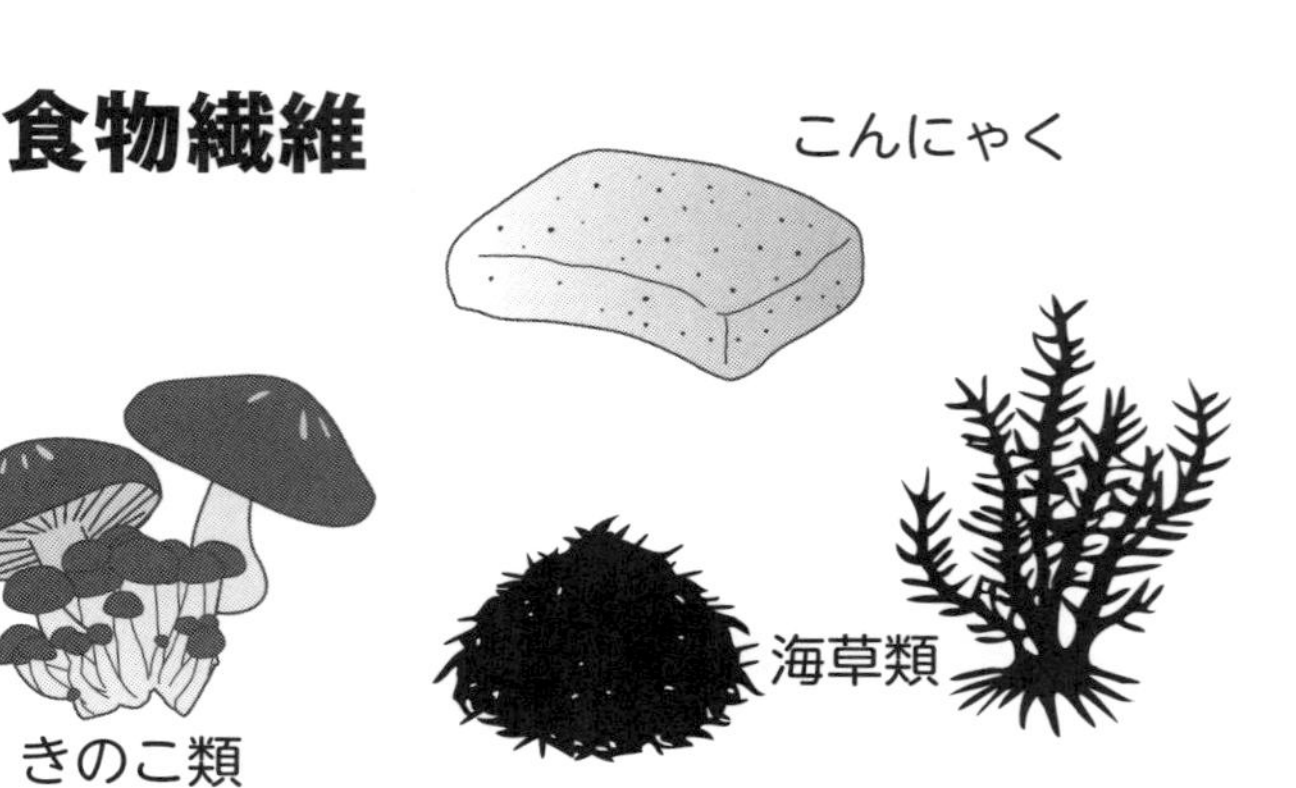

いる資料があります。米国資料検査官協会がドッグフードの推奨栄養成分を示したものです。犬に必要な栄養素の「最低値」が記されています。

最低値ですから、犬の大きさ、運動量などによっては示した値程度の量では足りない場合もあるでしょう。これらは、幼犬、成犬のほか、離乳食中の犬、心臓病のある犬など、状態に応じて、摂取したい栄養素を、カロリー数をもとに計算し、全体の摂取エネルギー量のうちの割合（％）で表示しています。

一例として、私がよくジョニーにつくっていた「豚肉と小松菜のおじや」のたんぱく質量を、ＡＡＦＣＯのたんぱく質量で見てみたのが次ページの表です。表の下の計算方法で見ると、豚肉と小松菜のおじやに含まれるたんぱく質の割合は35％です。ＡＡＦＣＯの成犬だけでなく、高齢犬のジョニーが必要とするたんぱく質の最低量はクリアしている計算になります。

たんぱく質だけでなく、脂質やビタミン、ミネラルの値も同様に示されていますが、いちいち計算していては毎日のごはん作りがつらくなってしまいます。たんぱく質は体をつくる大切な栄養素ですので、普段与えている手作り食が、愛犬の必要量を満たしているか

	豚肉と小松菜のおじや			
食品名	摂取量（可食部重量）	使用量（廃棄部位含む）	エネルギー（kcal）	たんぱく質
単位	g	g	kcal	g
白飯	20	20	33.6	0.5
ぶた肩肉（生）	30	30	36.9	6.42
小松菜（生）	30	35.294	4.2	0.45
ミニトマト（生）	10	10.204	2.9	0.11
豚レバー（生）	30	30	38.4	6.12
かたくちいわし（煮干し）	10	10	33.2	6.45
ごま（乾）	10	10	58.6	1.98
干しいたけ（乾）	5	6.25	9.1	0.965
刻み昆布	5	5	5.25	0.27
小麦胚芽	10	10	42.6	3.2
合計	160	167	265	26.5

ＡＡＦＣＯの犬の状態別たんぱく質必要量の最低値

ＡＡＦＣＯ幼犬用基準	22.5%
ＡＡＦＣＯ成犬用基準	18%
高齢犬	31.8%
高齢犬体重制限の必要	29.1%
皮膚・被毛ケアが必要	31%
結石ケア必要	26%
腎臓ケアが必要	17%
心臓ケアが必要	22%
肝臓ケアが必要	22.5%
ミルクエイド（高脂肪・高たんぱく・高カルシウム・高エネルギー）	34.7%
離乳食	36.2%

前ページの豚肉と小松菜のおじやのエネルギー量は 265kcal。総たんぱく質量は 26.5g。

たんぱく質は 1 g3.5kcal なので、総たんぱく質量のエネルギー量は 92.75kcal（26.5 × 3.5）。

総エネルギー量のうちたんぱく質量の占める割合は 35%（92.75 ÷ 265）。
21 歳のジョニーは高齢犬で、AAFCO の基準値は 31.8%以上が推奨されているため、たんぱく質量はクリアしている。

どうか、試しに一度、たんぱく質量で計算してみるのもよいかもしれません。

１８４ページに体重別１日の必要エネルギー量を示した表を掲載しました。子犬、成犬、高齢犬などによって摂取エネルギー量が違いますので、参考になさってください。食品のカロリー計算については、食品と重量を入れると含まれる栄養成分やエネルギー量を出してくれるアプリやソフトが無料で利用できるものもあります。愛犬のお気に入りのごはんのエネルギー量を、調べておいてもいいですね。

体内でつくれないビタミンを補充

ビタミン類は、犬が食事でとったたんぱく質や脂質、糖質の代謝をスムーズに行うために必要です。不足すると、成長障害を起こしたり、病気になりやすくなったりします。ビタミンには、油脂に溶けやすい脂溶性ビタミン（A、E、Dなど）と、水に溶ける水溶性ビタミン（C、B群など）とがあります。

ビタミンAは皮膚や粘膜を強くしてくれます。また目の健康を保つ働きもあります。にんじんやレバー、魚油、鶏肉、卵などに多く含まれます。

ビタミンEは老化の原因となる活性酸素から体を守る働きをします。細胞や血管を守り、病気の予防にも役立ちます。不足すると貧血や動脈硬化のリスクが高まります。ひまわり油やアーモンド、モロヘイヤなどに多く含まれます。

ビタミンDは体内でカルシウムの吸収を助け、骨や歯を丈夫にします。不足すると骨粗しょう症になり、とりすぎると高カルシウム血症を引き起こします。適量を取り入れるようにしましょう。魚類や卵などに多く含まれます。

ビタミンB群は、たんぱく質の合成やエネルギー代謝に必要な栄養素です。ビタミンB_6やB_{12}が不足すると、貧血や食欲不振などの症状が現れます。葉酸が不足すると、動脈硬化の原因になります。ビタミンB_6は肉類、野菜、ナッツに含まれ、B_{12}は肉類のほか、焼きのりやレバーに多く含まれます。葉酸はレバーやケールに多く含まれます。

犬はビタミンCを体内で合成することができるので、通常の場合は特に意識してとる必要はありません。しかし、高齢になったり、ストレスを受けたりすると、ビタミンCがうまくつくれなくなります。そのようなときは積極的に食事に取り入れましょう。Cには抗酸化作用があり、骨や皮膚などをつくるコラーゲンの合成にも必要な栄養素です。熱に弱く、水に溶け出てしまうので、煮物にするときは汁も一緒にとるとよいでしょう。赤ピーマンやブロッコリー、キウイなどに多く含まれます。

鉄分、亜鉛は人間の10倍必要

犬にとって鉄分や亜鉛は、人の10倍以上必要になります。鉄分や亜鉛は赤血球の形成に必要ですから、不足すると犬も貧血になってしまいます。貧血になると、体が酸素不足になり、さまざまな体調不良が起こります。食事で考えると、豚肉だけだと鉄分不足になるので、何日かに1回レバーを追加します。

カルシウムも必要な栄養素です。カルシウム不足になると、人間同様、骨がもろく虚弱になり、運動失調や無気力になってしまいます。卵殻や、煮干し粉等で補充します。

ただし、腎臓疾患の犬にとっては、煮干し粉は控えたほうがよい食材です。煮干しを食べるとリンの値が上がるので、その場合のカルシウム補充には、卵殻を使うとよいと思います。ゆでた卵の殻を細かく砕いて与えましょう。卵殻はインターネットでも購入できます。

カリウムは体内の水分やペーハー値のバランスを調整します。また筋肉の収縮や神経伝達を正常に保つ働きもします。きゅうりやほうれん草に多く含まれています。

マグネシウムはカルシウムとともに骨を構成し、血圧を正常に保ちます。骨や歯を強くするため必要な栄養素です。不足すると骨が弱くなったり、心臓病を引き起こしたりするおそれがあるため、高齢犬ほどきちんと摂取するようにしましょう。納豆、あおさ、干しえびなどに多く含まれます。

ヨウ素も、甲状腺ホルモンを出すために必要な栄養素です。刻み昆布などで補充しましょう。ごく微量でかまいません。

そのほか、犬にも有効な機能性成分

ほかにもフィトケミカル（機能性成分）の働きにも着目しましょう。必須栄養素ではありませんが、体に有益な機能を持ち、抗酸化作用や殺菌作用などがあります。

ポリフェノールは野菜の葉や茎、果物の皮や種の近くに多く含まれます。老化を防ぐ抗酸化作用があります。ポリフェノールにはいくつか種類があり、たとえばアントシアニンは紫いもやなすに多く含まれ、イソフラボンは大豆やもやしに多く含まれます。野菜や果物をとるようにしていれば、さまざまなポリフェノールが摂取できるでしょう。

β-グルカンは食物繊維の一種で、きのこ類に多く含まれています。免疫力を強化し、腸内環境を整える効果が期待できます。しいたけやまいたけなどのきのこ類や、オーツ麦などにも含まれます。

β-カロテンも機能性が高い成分です。カロテノイドの一種で、抗酸化力が高く、老化や動脈硬化を予防します。脂溶性のため、油で炒めたり、ドレッシングにしたりして油と合わせると、吸収率がアップします。肉の脂肪を利用して炒めたり、亜麻仁油を加えたりしてもよいでしょう。

栄養不足にならないための工夫

栄養不足にならないようにするのがたいへん！と手作り食に躊躇（ちゅうちょ）される方は多いです。

では、私たち人間の食事のことをまず考えてみましょう。

私たちは毎日栄養食品だけを食べているわけではありません。毎食ごとにカロリー計算しているわけでもありません。だからといって、栄養不足に陥っている、などということはありませんよね。基本的なことがわかっていれば、ほぼ問題ないのです。毎日同じ食事、偏った食事を与え続けるから不足が起こるのです。自分が食事をする感覚を犬に投影するイメージで、楽しみながらいろいろな食材をあげてみましょう。


1日だけ、肉ばかりをあげたからって、急に肥満にはなりませんし、たった1日、かぼちゃをたくさん食べたからって慢性貧血にはなりません。基本的な栄養の、たんぱく質、脂質、炭水化物のバランスをとっていれば大丈夫です。あとはビタミンとミネラルの問題で、調整がどうしてもたいへんだったときにはサプリメントを使ってもよいでしょう。

犬の場合、体重5kgに対し、1食あたりカロリー300kcal程度で計算すると、肉または魚30g（+レバー30g）、ごはん30g、野菜30g程度です。足りない栄養素部分の補充方法さえ決めれば、気軽に人間の食事からつくることができます。

栄養素が簡単にとれるのが「手作りふりかけ」です。煮干しや、干ししいたけ、ごま、昆布などをミキサーなどですりつぶし、粉末状にして保存容器に入れておきます。ビタミンやミネラルなどが補えるふりかけです。たまにかけてあげます。

栄養不足かどうかは、健康診断で見ていきます。また日常的な犬の様子を見て、おかしいなと思うことがあったら、かかりつけの獣医師に相談してください。

皮膚が荒れている場合はビタミン不足なので、ビタミン類が豊富な食材を追加します。

手作りごはんにしていると、たんぱく質不足になりがちです。前述した(ごはん・肉・野菜)の配分（1：1：1）を思い出して、量の調節をしてください。

運動量の多い犬の場合、本書でご紹介する量では足りないこともあります。いずれにしても、人間と同じように体調や体重の変化によって、食事を変えていくのがベストです。

ボディコンディションスコア（ＢＣＳ）の利用

犬のやせすぎや太りすぎについて、見た目と触れた状態から評価をする方法が「ボディコンディションスコア」です。体型を5段階で評価する方法で、59ページの表の「ＢＣＳ３」を理想体型としています。痩せすぎていないか、反対に太りすぎていないか、犬がどの評価に値するかチェックしてみてください。

各スコアは環境省によって次のような状態であると定められています。

ＢＣＳ１（痩せ）　肋骨、腰椎、骨盤が外から容易に見える。触っても脂肪がわからない。腰のくびれと腹部のつり上がりが顕著。

ＢＣＳ２（やや痩せ）　肋骨が容易に触れる。上から見て腰のくびれは顕著で、腹部のつり上がりも明瞭。

ＢＣＳ３（理想体重）

過剰な脂肪の沈着なしに、肋骨が触れる。上から見て肋骨の後ろに腰のくびれが見られる。横から見て腹部のつり上がりが見られる。

ＢＣＳ４（やや肥満）

脂肪の沈着はやや多いが、肋骨は触れる。上から見て腰のくびれは見られるが、顕著ではない。腹部のつり上がりはやや見られる。

ＢＣＳ５（肥満）

厚い脂肪に覆われて肋骨が容易に触れない。腰椎や尾根部にも脂肪が沈着。腰のくびれはないか、ほとんど見られない。腹部のつり上がりは見られないか、むしろ垂れ下がっている。

ボディコンディションスコア

BCS1	痩せ	
BCS2	やや痩せ	
BCS3	理想体型	
BCS4	やや肥満	
BCS5	肥満	

（BCS1～BCS2）理想体型になるよう、えさの分量を少し増やして、様子を見る。

犬のカロリー計算方法

犬の1日に必要な栄養量について考えましょう。1日に必要なカロリーの計算方法はいくつかありますが、簡単なものをあげておきます。

（体重×30＋70）×指数＝摂取カロリー㎉／日

となります。たとえばジョニーの場合、（5kg×30＋70）×1.4＝308㎉／日となり、1日に308㎉を摂取できるように考えます。

計算式中の「指数」は犬の年齢によって以下のように変わります。

生後4か月まで：3.0
生後4か月〜1年：2.0

成犬

避妊去勢済み：1.6
避妊去勢なし：1.8

7歳以上の中高齢犬

避妊去勢済み：1.2
避妊去勢なし：1.4

どの程度のカロリーが必要なのかを計算してみてください。肥満対策にもなりますよ。

また、微妙な変化から必要な栄養が足りているかを判断しづらい場合は、週に1度体重を計って、記録していくのもよいでしょう。犬を抱っこした状態で体重を計り、その後人の体重を引き算すると、犬の体重がわかります。どんどん太ってきたり、反対に痩せてきたりする場合は、栄養管理を考えましょう。

体験談　手作りごはんで食事を楽しみな時間に

2歳の保護犬エルちゃんを引き取った飼い主さんは、エルちゃんがごはんを食べないのを心配していました。エルちゃんはいつもビクビクしていて散歩にも行きたがりません。家でも楽しく交流できませんでした。

動物病院で相談しても、特に原因はわからず「ストレスがあると思うので、様子を見ましょう」と言われたそうです。そこで、私が相談を受け、愛を伝える手段として手作りごはんを提案し、簡単な作り方を教えました。

すると、エルちゃんはすぐに喜んで食べるようになったそうです。ごはんをつくるときにはくるくる回ったり、ジャンプをしたりして楽しみにするようになりました。

それをきっかけに、徐々になついて散歩も行くようになりました。ごはんを大喜びで食べてくれることが、飼い主さんにとっても喜びになりました。つくることがとても楽しみになり、エルちゃんも体が丈夫になったということでした。

犬に牛乳をあげてはいけない理由

犬に牛乳をあげるのは、控えたほうがよいと思います。理由はおおむね二つあります。

①犬は、乳糖を分解する酵素「ラクターゼ」を持ち合わせていません。乳糖を分解できないことを「乳糖不耐性」といいます。この場合、お腹を壊しやすくなります。下痢などになりやすく、ひどい場合は脱水症状を起こしてしまうこともあるので、注意が必要です。

市販の犬用ミルクはすでにラクターゼで乳糖が分解されています。

②犬も牛乳アレルギーを起こすことがあるため、控えましょう。アレルギーは口のまわりなどに出ますが、これは牛乳のたんぱく質が起こしていると考えられます。

ヤギミルクにはアレルギー原因物質の一つである、アルファS1カゼインが含まれないのでアレルギーを起こしにくいのです。ヤギミルクにはシスチン、タウリンなどのアミノ酸・中鎖脂肪酸（ＭＣＴ）が含まれ、脂肪球も小さく、吸収されやすいのです。

子犬から高齢犬まで、適当量をあげられます。ジョニーもヤギミルクが大好きで、粉を購入して湯で解き、冷ましたものをあげていました。

実は、牛乳の乳糖不耐性というのは人間のほうでも問題になっており、私も以前は牛乳を飲むと、決まってお腹がごろごろしていました。乳糖不耐性の知識を得て、牛乳をやめて豆乳にしてみたら、ごろごろすることはなくなりました。

水分をとっていますか？

人間でも、水分が大事といわれますよね。なぜならば、私たち動物の細胞、体の約70％は水で構成されているからです。水を飲まないと、脱水状態に陥ります。3日間、水分を1滴もとらないと、命の危険があります。

逆に、ごはんは1週間とらなくても大丈夫です。むしろ、体調管理の方法として断食療法が知られているくらいです。そしてその間も、水だけはとる必要があります。ですから水が飲めなくなったときは、病院を受診して点滴で水分を補充してもらいましょう。

ちなみに、この水分不足は慢性の症状でもあります。人でも、1日1.5ℓ～2.0ℓをとりましょうといわれますね。意識しないで忙しい1日を過ごすと、私も1日500㎖くらいしかとっていないことがあります。この状態が続くと、どんどん体の調子が悪くなってくるのです。というのは、水分不足は体の代謝を悪くして、老廃物の排出ができなくなってしまうからです。犬の場合、市販のドライドッグフードは栄養はとれますが、これと別に水を与えるだけだと、水分不足に陥ります。

なぜかというと、動物は、飲みにくい水だけだと面倒で必要量とらなくなるからです。お皿から水を飲むのはとても飲みにくいものです。

また、水分は食品に含まれているものからとったほうが、体によい影響が出たというデータもとられています。この研究は人間の研究になりますが、がんの患者の予後を計測したものです。

三つの水分摂取方法によって、予後に変化が現れるかという研究です。普通の水から水分を摂取した場合と、スープなど食品から摂取した場合、そして清涼飲料水から摂取した場合の三つの比較です。3種類の水分補給方法を比べると、食品から水分を摂取した場合が一番、予後がよくなったという結果になりました。一番悪い結果だったのは、清涼飲料水を飲んだ場合でした。

こういった研究からも、水分は栄養と一緒にスープなどでとるのが一番だと私は考えています。犬でいうと、適したメニューは水分をたっぷり含んだ「手作りおじゃ」です。たとえば腎不全の犬の場合、ドッグフードを水でふやかしたものを与えた場合と、手作り食でおじやをつくったものを与えた場合を比べてみましょう。どちらのほうが喜んで食べて、その後の回復も変わってくるでしょうか。

腎臓に負担のかからない食材や調理法でつくることのできる、手作りごはんに軍配が上がるのは明白です。

人に置き換えるとわかりやすくなるのではないでしょうか。ビスケットをふやかしたものを、自分が毎日毎日食べる、と考えたらどうでしょうか。味気ないし、食事の時間もつまらないものになります。それよりもやはり、野菜や柔らかい卵などを使ってつくった、温かくておいしそうな香りのするおじやのほうが元気が出ますよね。

よいにおいや立ち上がる湯気などが、食べ物の魅力だけではなく、「食べたい意欲」を湧かせてくれます。水分補給の観点からも、手作りごはんはおすすめといえるでしょう。

ごはんでとる栄養だけではダメ？

ジョニーは13歳で我が家に来ました。それからは私の手作りごはんをメインに食べていました。ときどき、その状態にあった乳酸菌などをあげていましたが、市販品のドッグフードや補助食品はほとんど与えませんでした。それでも、十分長生きしてくれました。17歳くらいになってくると、毛の色が白っぽくなってきました。人間と同じように白髪になってきたのです。加齢を感じはじめました。

19歳になったある日突然、歩けなくなりました。お散歩に行ったら、疲れた素振りで道端に座り込んでしまったのです。

ジョニーが歩けなくなったことを友人に話すと、心配した友人は麻のオイル（＝ＣＢＤオイル）をすすめてくれました。液状のサンプルをいただき、これを直接口に入れてあげたら、数日で、庭を小走りするようになったのです。感覚的には2歳程度若返ったような

HAPPY!

感じです。とても元気になり、寿命が伸びたと実感しました。

このCBDオイルは小瓶に入ったもので、スポイトで数滴取り、ごはんにかけたり、直接与えたりします。味はほとんどしないので、犬もいやがりません。

麻は一般的には実（種子）から抽出されたヘンプシードオイルが、食材としても使われています。麻の実は食欲増進や、古代中国では強壮などに利用されていました。

CBDオイルにも、成分の違いで種類がいくつかあります。加齢対策に効果的と思えるものは、種子や成熟した茎から成分を抽出したもので、カンナビジオール（CBD）を含んでいます。カンナビジオールは、原始の時代から生物に備わっている、体内の恒常性を保つ体の基幹システムの一つです。食欲や睡眠、記憶などの調整を行っています。

内因性カンナビジオールは、高齢、病気などによって体内から喪失するため、外から補充することにより、元気を取り戻すことができます。

CBDオイルには次のような作用、効果があるとされています。

神経保護作用　神経を保護する作用があります。てんかんや神経症状の軽減に効果があります。

がんへの作用　がん細胞が増えすぎるのを抑える（細胞の増殖を制御する機能を思い出させる）作用があります。

免疫力アップ　免疫が働くシステムをスムーズ化させます。

ホルモンの正常化　滞ったホルモンの生産を改善します。

アンチエイジング効果　一般的に、若返ります。

精神的な問題　不眠や落ち着かない犬に使うと効果があった、という体験談があります。人でもうつ病などにすすめられています。

このCBDオイルを飲むと、それまで歩けなかったジョニーが、痛みがなかった頃のように、歩けるようになりました。鎮痛効果や神経保護作用が働いたようでした。

CBDオイルは犬の体重によって飲む量が変わります。元気を取り戻したい高齢犬には、おすすめのオイルです。副作用もなく常習性もありません。

CBDオイルはメーカーの違いによって配合成分にも差がありますので、犬に合ったものを選んでください。最初はかかりつけの獣医師に相談のうえ、少量からはじめてください。投与量は、0.1㎎/kgからはじめて、症状に応じて増やします。CBDはオイル状のもののほかに、クッキー、水、粉末などの形で販売されています。取り扱っている動物病院も増えています。

ジョニーに訪れた奇跡の一つは、CBDオイルとの出会いだったかもしれません。

免疫のしくみ「カンナビノイドシステム」について

エンドカンナビノイドというのは、体の中でつくられるカンナビノイドのことです。エンドカンナビノイドシステムは、エンドカンナビノイドとカンナミノイド受容体、酵素の作用システムで、体の基本機能を正常に保つ働きがあります。

カンナミノイド受容体は体でつくられたカンナビノイドを受け取り、体の不調を知らせる信号を出す受け皿で、全身に分布しています。現在、CB1（主に神経系に分布）、CB2（主に皮膚系に分布）の2種類がわかっています。

エンドカンナビノイドシステムは、体の中のさまざまな機能に関わっています。

- **食欲**
- **消化**
- **免疫機能**
- **炎症**
- **気分**

・睡眠
・生殖
・不妊
・運動制御
・体温調節
・記憶
・痛み
・代謝
・心臓
・筋肉の形成
・骨
・肝機能
・血管機能
・神経機能
・皮膚などの機能

カンナビノイドが欠乏することにより起こるのが「カンナビノイド欠乏症」です。体が十分にエンドカンナビノイドを生成できていない状態を指します。そうなると、病気を発症する可能性があるとされています。

カンナビノイド欠乏症は、栄養失調や環境ホルモン、病気、高齢化によって起こりやすくなっています。特に難病系の場合は、カンナビノイド欠乏症の可能性があるようです。

麻由来のカンナビノイド（ＣＢＤ）は、体内でつくられるカンナビノイドの代わりに働きます。カンナビノイドを投与することで、抗炎症作用や腫瘍への効果、抗不安作用などが期待されます。

副作用もほとんどみられないので、西洋薬の代替として用いる獣医師も増えているようです。

ＣＢＤの種類には、以下のものがあります。

・フルスペクトラム：麻のすべての成分が入る（日本では流通していない）

・ブロードスペクトラム：ＴＨＣ（非合法成分）だけを除いたもの

・アイソレート：CBDだけを抽出したもの

愛犬の状況にもよりますが、ブロードスペクトラムは、麻のほかの成分も入っていて、相補的な効果があります。疼痛緩和や痙攣発作時などには、ブロードスペクトラムをおすすめします。

犬の寿命が長くなった昨今、犬の認知症なども含めて老化に伴う病気なども増えてきました。これらは、若いときのように、食事でとった栄養をしっかりと吸収し、活用できないことも大きな原因です。

CBDオイルはこうした内臓の老化にも働きかけ、効率よく活用できるようサポートするサプリです。体の恒常性を上げてくれて、体全体の働きを底上げしてくれます。

使用は、かかりつけの獣医師にご相談ください。

コラム

ビタミンの機能と欠乏・過剰症

	主な機能	欠乏症	中毒（過剰症）	多く含む食品
ビタミンA	視覚たんぱく質、上皮細胞の分化、免疫機能など	食欲不振、成長遅延、被毛の貧弱化、夜盲症など	成長遅延、食欲不振、骨折、紅斑	魚油、レバー、卵
ビタミンD	カルシウムとリンの恒常性、骨の代謝	くる病、肋軟骨の肥大、骨軟化症、骨粗鬆症	こうカルシウム血症、石灰沈着、食欲不振、破行	魚、卵
ビタミンE	生体内抗酸化作用、フリーラジカル消去による膜の安全性	不妊（雄）、脂肪組織炎、皮膚疾患、免疫力低下、食欲不振、筋疾患	ほとんど毒性なし	植物油、種子、緑葉
チアミン（ビタミンB_1）	代謝、神経系	食欲不振、体重減少、運動失調、多発性神経炎、不全麻痺、心臓肥大など	血圧低下、徐脈、呼吸性不整脈	全粒穀物、レバー、肉類
リボフラビン（ビタミンB_2）	酸化還元酵素の反応に関与	成長遅延、運動失調、虚脱症候群、皮膚疾患、嘔吐、結膜炎など	ほとんど毒性なし	レバーなどの内臓肉、卵
ビタミンB_6	アミノ酸代謝における補酵素、神経伝達物質合成、ナイアシン、ヘム、タウリン、カルニチン合成	食欲不振、成長遅延、体重減少、鉄欠乏性貧血、痙攣、尿細管萎縮、シュウ酸カルシウム尿結石	低毒性、食欲不振、運動失調	肉類、全粒穀物類の加工品、野菜、ナッツ
葉酸	メチオニン合成、プリン、DNA合成	食欲不振、体重減少、舌炎、白血球減少、低色素性貧血、結成鉄の増加	毒性なし	レバー、ケール
ビタミンB_{12}	補酵素機能、メチオニン合成時の補助、ロイシン合成・分解	メチルマロン酸尿症、貧血	反射の変化	肉類、全粒穀物類の加工品、野菜、ナッツ

長生きごはんのコツ３

体に「毒」を入れない

毒はゼロにはならない

私たちの生活の中には、体に害のある毒素が蔓延していることをご存知ですか。体に害がある、とはすなわち、体に取り入れることで害になるものです。

どんなものでも使用法や容量を間違えれば毒になります。たとえばしょうゆを1升飲んだら確実に倒れてしまいます。体によいとされているものでも、過剰にとりすぎれば問題になりますし、少ない量で、たとえ代謝がされていたとしても、長期にわたって摂取されると害になるものもあります。

また農作物に残っている農薬も心配です。野菜に農薬がついていると、それを取り入れてしまうことで、健康に問題が起こります。

食品として体に入るもの以外にも、皮膚から入るものや、薬剤、ワクチンとして体に入るものがあります。あたりまえのように体内に取り入れている空気や水などもあります。

これらのものにも害になるものがあるか、考えてみましょう。

PLEASANT

長生きごはんのコツ3
体に「毒」を入れない

たとえば水に、トリハロメタンなど害になるものが含まれていたりすると、長期的には体に影響があります。トリハロメタンとは、水に含まれる有機物と、消毒のために加えられる塩素とが反応してできる物質です。とりすぎると肝機能や腎機能への影響があるといわれています。

空気から体に入る物質についてはどうでしょうか。室内で内装の仕上げなどに使われるホルムアルデヒドから発散される気体を吸うと、いわゆるシックハウス症候群の原因になるだけでなく、発がん性があることもわかっています。

また非常に強い電磁波や磁場などにさらされると、体調の変化や免疫力への影響なども懸念されます。

有害かもしれないものが、すぐそばにあるような社会の中で、私たちは暮らしていかなければいけません。意識して環境内の有害物質をなくす努力や、安全な食品を確保する姿勢が必要です。そしてそれは行動に移すことによってある程度までは可能なのです。もちろんゼロにすることはとても難しいですが、それでも意識するだけでだいぶ変わってくると思います。まずは第一歩を踏み出してみましょう。

食器などプラスチック製品のものは、陶器やステンレス製に変えてみるものよいでしょう。野菜の残留農薬が気になるなら、オーガニックの無農薬野菜を選びます。自分で栽培するのもよいですね。身近な生活の中で、できることはたくさんあります。

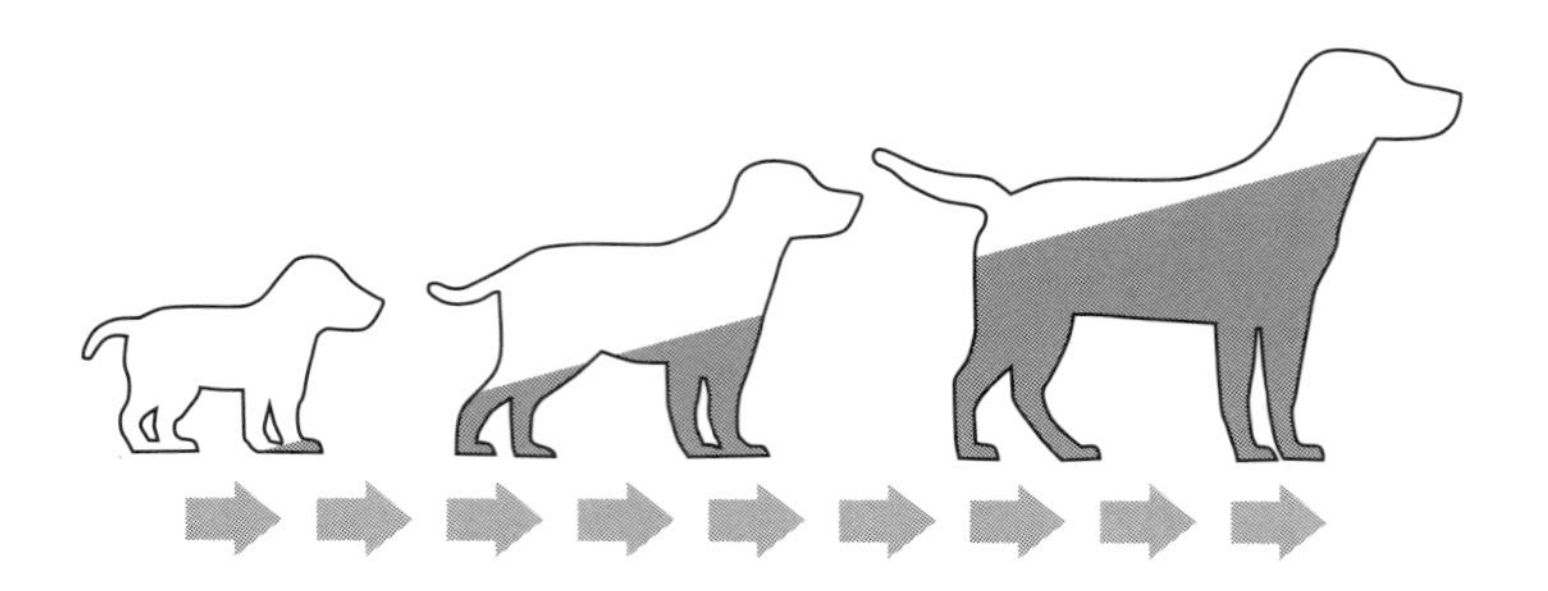

長期にわたって摂取すると体に毒素が蓄積され、害が及ぶ

避けたい食品添加物

ドッグフードやペットフード選びに、参考にしていただきたい食品添加物を紹介します。これらの添加物を、長期間また多量に摂取することはおすすめしません。間違って食べてしまっても問題はありませんが、長期的に食べさせることは、できるだけ避けたい添加物です。犬は人間よりも敏感であることは確かなので、気をつけるとよいでしょう。

・**BHA（酸化防止剤）** ラットの実験により、発がん性が報告されています。BHAを一定期間投与した場合のラットの胃に、がんの発生が認められたという報告があります。人間用の食品では、油脂の製造などに利用されています。もともとはガソリンの酸化防止剤として合成されました。

・**BHT（酸化防止剤）** 発がん性の疑いが報告されています。人間用の食品では、加熱加工食品、魚介冷凍品などに利用されています。こちらももともとはガソリンの酸化防止剤として合成されました。

・**エトキシキン（酸化防止剤）**　ラットの実験により発がん性が示唆されています。ベトナム戦争の枯葉剤の酸化防止剤として使用された物質です。日本では使用許可されていませんが、海外のドッグフードには使用されています。

・**赤色3号（着色料）**　ラットにおける甲状腺腫瘍発生が報告されています。人間用の食品では、紅白かまぼこや菓子類などに利用されています。海外では規制しているところもあります。

・**赤色40号（着色料）**　アレルギーを誘発することがあります。人間用の食品では、ジャム、キャンディー、ゼリーなどに利用されています。

・**黄色5号（着色料）**　がんを誘発するおそれや、肝毒性、腎毒性の疑いが報告されています。

人間用の食品では、ソーセージなどの練り物に利用されています。赤色3号と併用されることが多い着色料です。

・青色2号（着色料） けいれん、発がん性の疑いが報告されています。人間用の食品では、アイスクリーム、和菓子に利用されています。

・ソルビトール（甘味料） カロリーが砂糖の75％で、甘味は60％の甘味料です。多量に摂取すると下痢を引き起こす危険性があります。

・キシリトール（甘味料） 多量に摂取すると腎不全の危険性があります。犬がキシリトールを摂取するとインスリンの分泌を刺激し、急速に低血糖が生じます。よってこの成分は犬に与えてはいけません。

・ビートパルプ（甘味料） 食いつきをよくするために、ドッグフードによく使われる甘味料です。多量に摂取すると、腸の働きを鈍くする恐れがあります。

・プロピレングリコール（保湿剤・カビを防ぐ防腐剤）　過剰摂取するとアレルギー反応を誘発する恐れがあり、腸閉塞の原因となります。ソフトドライドッグフード、セミモイストドッグフードのような半生タイプのドッグフードの水分を保つために、広く使われています。

・亜硝酸ナトリウム（保存料・発色剤）・亜硝酸塩・亜硝酸ソーダ　肉類の中のアミンと反応して発がん性物質の「ニトロソアミン」を発生させるという報告があります。肉の保存効果と赤色に発色させるために配合されています。人間用の食品ではウインナーやハムに利用されていますが、犬には与えてはいけません。

添加物をはじめ、懸念される材料はたくさんあります。いつどこで間違ったものが混入されるかを考えたら、不安が残ります。やはり食事は手作りにして自己責任でつくるのが一番よい気がします。もちろん、これは個人の生活事情にもよるでしょう。

食事の中に入っているものの安全性をより高め、個々の体調や好みに合わせた食材を選ぶことは、今後の課題となるでしょう。添加物や危険性の高い食材はできるだけ避けましょう。

フリーラジカルって何？

この世界のすべての物質は、分子や原子から成り立っています。分子はいくつかの正の電荷を持つ原子核と、負の電荷を持つ電子の組み合わせで構成されています。

通常の分子は、電子がペアを組んで安定しています。しかし何らかの影響により電子が対をなさず、離れて存在することがあります（不対電子）。そうすると不安定な原子となって、まわりの安定した分子から電子を奪って、ペアを組んで安定しようとするため、体内で有害な作用をもたらすことがあります。このような不対電子を持つ原子や分子のことを、フリーラジカルといいます。

このフリーラジカルですが、体を酸化させて老化の原因となったり、さまざまな病気やガンの原因になったりするといわれています。その一方で、悪い働きばかりではなく、体内でよい働きもしてくれます。感染症を予防したり、体内に侵入したウィルスや細菌、真

菌などを退治したりする、重要な役割を持っています。まったくなくなると困るという、体にとって欠かせない働きも行います。

ただし、フリーラジカルが一定量以上に増えすぎると、正常な細胞の細胞膜やＤＮＡを破壊してしまうことがあります。フリーラジカルは適度な量だと体によい影響を与え、増えすぎることにより健康に害をもたらすことがわかっています。そのためフリーラジカルを増やさないような生活を送ることが大切です。

特に注意したいのは油です。油は酸化しやすいので、なるべく動物性の脂をとらないことが重要です。トランス脂肪酸も避けることが大切です。

トランス脂肪酸とは、血液をサラサラにする効果があるといわれるＤＨＡやＥＰＡと同じ不飽和脂肪酸の一種ですが、生活習慣病（がん、心疾患、脳卒中など）になるリスクを高めるといわれています。含まれている食材は、できるだけ避けるようにしましょう。マーガリンやショートニングなどに多く含まれます。

ドッグフードに含まれる油脂についても注意が必要です。長期間保存ができるドッグフー

長生きごはんのコツ３
体に「毒」を入れない

ドに入っている油は、どうしても酸化しやすいので、早めに食べさせるようにしてください。
また、手作りごはんのときにも油を使う場合は、新鮮なものを使うようにしましょう。

フリーラジカルは活性酸素と混同されてしまうことがありますが、あくまでも別ものです。活性酸素は、大気中の酸素を体に取り込んだときに、通常よりも活性化した状態の酸素のことを言います。体内で脂質と結合して有害な過酸化脂質をつくりますので、過剰にならないよう、日常的にバランスのとれた食事を心がけることが大切です。

また、確かに活性酸素の中には不対電子を持つものもあります。たとえば活性酸素の一種のスーパーオキシドやヒドロキシラジカルは、フリーラジカルといえますが、一重項酸素や過酸化水素はフリーラジカルではありません。混同しないようにしましょう。

フリーラジカルを除去する食材

増えすぎてしまったフリーラジカルを除去するためには、抗酸化作用のある食品が効果的です。たとえば、ビタミンCやビタミンEが含まれる野菜や果物、特にブルーベリーやキウイフルーツなどがあげられます。ただし与えすぎると、便秘や糖尿病の原因になるので注意が必要です。大豆製品に含まれるイソフラボンも活性酸素を除去する作用がありま す。犬には豆腐や納豆などを与えられ、特に納豆は抗酸化作用が強く、おすすめです。

食品だけでフリーラジカルを完全に除去することはできません。適度な運動やストレスの軽減も大事です。犬たちの体には、もともと備わっている抗酸化力があります。スーパーオキシドジスムターゼ（ＳＯＤ）と呼ばれる酵素は、増えすぎたフリーラジカルを除去する働きがあります。ＳＯＤは体内でつくられます。高齢になったり、ストレスが多かったりすると、ＳＯＤの生産能力が下がります。そのためストレスも減らすよう考えましょう。毎日散歩や運動を行わせることが大切です。

デトックスして、免疫力を上げる

デトックスとは、日本では解毒という意味で認識されています。英語で「detoxification」と書きますが、短縮してデトックスと呼んでいます。デトックスは体内から毒素や老廃物を取り除く健康法です。

本来、体内に入った有害物質は、肝臓で解毒されて無毒化されます。そして体外に排出されるのですが、加齢や食生活の乱れなどで、その機能が衰えてしまいます。デトックスは犬にも有効です。体内の毒素を取り除くためにはどうしたらよいでしょうか。

デトックスには、解毒に効果が期待できる食材を取り入れたり、水分を多く摂取してしっかり汗をかいたりするなどの方法があります。すると、取り込んだ毒素やそれらを元に生成された毒素が排出され、妨げられていた体の機能が戻って免疫力が向上します。「元気」とは、「元」の「気」に戻ることを指します。

究極のデトックス「断食」

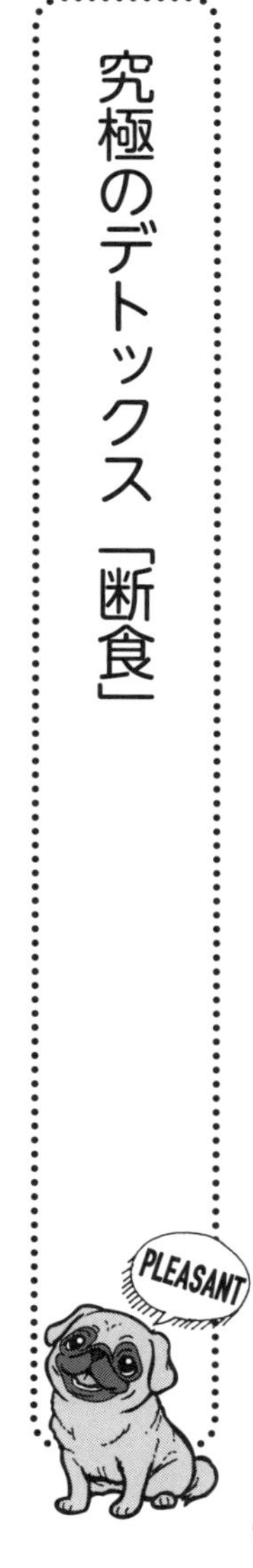

デトックスの究極の方法として、ときどき断食をするとよいでしょう。
我が家の犬は下痢をした場合、2日間の断食を行います。このおかげで、自力で体力を取り戻すことができます。断食は体の巡りをよくするようで、断食後は毛の色が濃くなるほどでした。お腹を壊して下痢をしても、その後に断食をすることで、ほぼ病院には行かずにすみました。血便の止まらないときには、乳酸菌製剤を飲ませていました。

健康な犬でも、アレルギーがある場合にはおすすめです。もともとお腹が弱い犬なども、断食をすると体調がよくなることがあります。体内にたまっている毒素が抜けて、自然な治癒力が生まれるのです。成犬の場合で体力がある場合は、断食をして様子を見ましょう。
断食中でも、水分は不足がないように気をつけましょう。水は必須です。体の中の水が巡り、細胞間のコミュニケーションがスムーズになると、体の調子がよくなってきます。

下痢のときにおすすめの断食法

下痢になった犬のための断食の方法です。断食は胃腸の中を空にして体調を整える方法です。食べる行為は消化作業が必要となり、さらに排泄につながるため、とてもエネルギーを使います。

弱っているときには、食事自体が内臓にとってたいへんな負担になります。消化器官を休めるためにも食事を絶って、体をリセットすることが大切です。そのための手段が断食です。

断食は「食べ物を断つ」ことであり、水分は補給します。水分は必要になりますので、注意してください。

下痢をして弱っているからといって、何でも断食がよいわけではありません。断食を行うのに適しているのは、下痢の原因が胃腸、感染症、食中毒など消化器にトラブルがある場合に行います。断食は獣医師のアドバイスを受けて行ってください。はじめる前に必ず獣医師に相談しましょう。

断食の流れを説明します。通常断食期間は、12〜24時間程度がおすすめです。今日から断食をはじめる、という日の朝から食事を抜きましょう。

1食目を抜いてから、12時間後の犬の様子を観察します。まだ下痢をしていたり、弱っていて体調が変わらない様子なら、続けて24時間まで断食をします。

断食といっても、水分はしっかりと与えます。断食中の水分は、水だけではなく、スープからとることもできます。水を飲ませる以外に、ときどきスープもあげます。

水分を忘れてしまうとたいへんですので注意が必要です。スープはだし汁だけでつくり、だし汁として入れた野菜や煮干しなどの食材は、与えないようにします。

ジョニーは2日以上、具合が悪いときは5日間水とスープだけ、ということもありました。

しかし断食は、高齢になってくるとよいことばかりでもないので、状態をみながら調整していく必要があります。お腹の調子が悪く、消化器のトラブルがあるときは、12時間〜2日程度を目安に、月に一回ほど行うのがよいと思います。その期間はしっかりと様子を観察してください。

12時間または24時間断食を続けたあとは、ゆっくりと復食していきます。断食後は、急にたくさん食べないように注意します。

断食後の食事のことを復食といいますが、最初は軽い復食からはじめて、徐々に様子を見ながら通常の食事に戻します。最初に与えるごはんは、スープに近い状態のおじやなどが適しています。

断食後の複食の途中で、犬がごはんを欲しがるのをかわいそうに思って、どんどんあげてしまうという飼い主が多いのですが、断食の目的はなんだったのかを考えると本末転倒です。再度下痢や体調不良になってしまわないように、食事の量は少量から戻します。複食をはじめて2日目の夜には、普通食に戻っている程度がよいでしょう。

●5日間断食の方法（1日2食の場合）

具合が悪い犬の場合の、5日間の断食のスケジュールです。重ねてになりますが、断食をする前にはかかりつけの獣医師に相談してください。

1日目

朝ごはん：流動食にします。ほとんど固形物のないような、どろっとした十分がゆ状のものにします。下痢や嘔吐が原因で断食をはじめる犬の場合は、１日目からボーンブロススープ（１４０ページ参照）をあげます。

夜ごはん：朝と同じように流動食にします。どろどろしていて十分がゆ状態のものを与えます。下痢や嘔吐の犬は、ボーンブロススープをあげます。

2日目

朝ごはん：ボーンブロススープ（１４０ページ）をあげます。固形物は断食となりますが、水分としてスープをあげます。

２日目には犬の体調の変化をチェックしましょう。断食中ですので、いつもより多少のんびりとしているはずです。特にふらついたり弱っていなかったら、いつもどおり散歩をしたり、遊んだりしてもよいです。

夜ごはん：朝と同じボーンブロススープをあげます。

3日目

朝ごはん：2日目と同じボーンブロススープをあげます。3日目にはすっかりオフモードの犬かもしれません。下痢が止まらなかったり、ふるえ、嘔吐をしていないか、チェックしてください。断食をはじめる前よりも弱っていなかったら、いつものように散歩をしたり遊んだりしてもよいです。
夜ごはん：朝と同じボーンブロススープをあげます。

4日目

朝ごはん：流動食にします。1日目にあげたような、どろっとしたおかゆにします。たくさんはあげずに、食べている様子を見てください。調子よく食べているでしょうか。食べたがらない場合は無理にあげないで、様子をみましょう。
夜ごはん：体調がよいかどうかよく観察してください。朝と同じような流動食をあげます。

5日目

朝ごはん：三分がゆ、または通常食に戻します。犬の様子をみて、通常食で大丈夫なようなら戻します。

急に大量にあげてしまうと、また具合が悪くなってしまうかもしれません。たくさん欲しがる様子があっても、通常時にあげていた程度の量をあげてください。断食していたからごほうびとしていつもより多くあげるということは控えてくださいね。

夜ごはん：通常食に戻します。朝と同じように、様子を観察しながらあげてください。

5日の断食の間、3日目くらいまでは下痢をしている場合もあります。その後、毛の艶や快活さが戻ってくるのを目安にしてください。目にも輝きが出てきます。

次ページは具合の悪い場合の5日間断食のスケジュール表です。

特に胃腸トラブルがなくても「デトックス」目的として、日常で断食を取り入れていく方法もあります。この場合は2日間で行います。そうすると、体の中の毒を排出するサイクルができ上がります。人でいう「休肝日」の内臓全体バージョンです。体内に食べ物を入れるのをストップして、体の中をお掃除します。ドッグフードで溜まった毒素を排出できるようにしていきます。デトックスが目的の場合は、体力に影響が少ない2日間以内の断食がおすすめです。こちらも、獣医師の指導のもとで行ってください。

5日間の断食例（1日2食）

1日目	朝ごはん	流動食（十分がゆやボーンブロススープなど）
	夜ごはん	流動食（朝ごはんと同様）
2日目	朝ごはん	ボーンブロススープ
	夜ごはん	ボーンブロススープ
3日目	朝ごはん	ボーンブロススープ
	夜ごはん	ボーンブロススープ
4日目	朝ごはん	流動食（十分がゆ）
	夜ごはん	流動食（十分がゆ）
5日目	朝ごはん	三分がゆまたは通常食
	夜ごはん	通常食

断食中に気をつけること

断食を実行するにあたって以下の点に注意してください。

ふらついたり、ぐったりしていないか

断食をすると大人しくなり、オフモードになります。のんびりしているのは一般的ですので、気にしなくてもだいじょうぶなのですが、注意したいのは「ふらつき」「倒れこむ」状態のときです。ゆっくりしているように見えても、実は倒れている、もしくはふらふらして意識もうろうとしている場合です。いつもと違うような意識障害を確認したら、すぐに断食を中断して、かかりつけの獣医師に相談してください。

下痢が止まらないとき

お腹の調子が悪くて断食をすると、3日が過ぎたころには下痢も治まってくるはずです。

4日目になっても下痢が続いたり、2日目・3日目でさらに下痢がひどくなってきたときには、獣医師に相談してください。

血便があるとき

血が混じる便が出るときは、抗生剤が必要な状態かもしれません。自分で判断せずに、断食を中断して獣医師に相談してください。

散歩はOK、いつもどおりに過ごす

断食中でも、犬が散歩をしたがる場合には、いつもと同じように散歩をしてもよいです。ほかにも習慣になっている行動があれば、無理にやめたりせずに、「いつもどおり」に過ごしてください。また、いつもよりも鳴いても、それは異変ではありません。元気があり、目に輝きがある場合は、お腹が空いたよ~と訴えているのだと思います。鳴き声に元気があれば大丈夫です。

こういった点に注意しながら断食をしましょう。犬と一緒に、飼い主も断食を行うこともおすすめです。同じようにおかゆからはじめて、中日はスープを飲んで過ごします。犬と一緒にデトックス体験です！

犬も人も、水分は常にしっかりととりましょう。

断食をするにあたり、次のような場合は避けてください。

まず、投薬中は断食は行えません。薬の影響がどう出るかわからないため、薬を飲んでいる場合は行わないでください。

体力が低下しているときも、断食には適しません。夏バテ中だったり、著しく体力を消耗するようなことがあった直後で断食をはじめると、危険を伴います。デトックス目的で断食をするときは、体調をよく観察してから行ってください。

犬種や個体差によっては、断食が苦手な犬もいるかと思います。断食をはじめる前は、かならずかかりつけの獣医師に相談してから行いましょう。

コラム

ペットの長生きには、筋トレもとても大事！

高齢化は私たち人間だけでなく、動物にも避けられないことです。体が弱ってくると、できることが少なくなってしまいます。しかし、体の変化は必ずしも急速に進むわけではありませんし、飼い主の努力で進行を遅らせることもできます。そのために、足腰が弱ってきた愛犬には、リハビリや筋トレが有効です。

寿命を決める大きな要因の一つは、「筋肉量」です。年をとってきたからといって、そっとしておいたり、散歩の量を減らしたりしては、筋肉量が維持できません。

日常的に運動できている状態なら毎日の運動で十分ですが、後ろ足が弱ってきたら筋トレをはじめましょう。このトレーニングは早めにはじめたほうが、効果も高いです。

高齢化すると、後ろ足のふんばりがきかなくなり、前足だけで支えるようになります。前足に負担がかかりすぎると、ふるえや背中が丸くなることがあります。筋トレをすることで、この進行を遅らせることができるのです。

まずは、姿勢を保つトレーニングをお伝えします。

1　まっすぐ立たせる
2　後ろ足を支えながら膝を曲げる（スクワット）
3　まっすぐゆっくり歩かせる

無理をさせずに、できるところまでやってみましょう。ジョニーは毎日歩かせていました。歩かなくなってからも手を添えて立たせるようにしました。ジョニーもトレーニングだと理解していて頑張っていました。その時間は素敵な思い出になっています。
アニマルレイキなどで全身を触れるケアもおすすめです。触られた部分の皮膚感覚から自分の体の輪郭を意識しやすくなり、外の情報をキャッチしやすくなります。

筋トレと同様、脳トレも早くからはじめるのはよいことです。ジョニーは、おやつを隠して探させるマットや、フードをボタンなどで探す知育グッズを使いました。さまざまな知育グッズが出ていますが、よい脳トレになります。また、ペットボトルに穴を開けてその中にドッグフードを入れ、転がすとこぼれて食べることができるという手作りおもちゃも、よいトレーニングになりました。

実践！手作り長生きごはん

基本の食材は野菜・白飯・肉魚

さあ、なにはともあれまずはつくってみましょう。その前に、基本的なことを確認します。レシピを考えるときに基本となる食材の種類は三つです。「野菜・白飯・肉魚」。これを毎回ベースにして献立を立てていきます。

この三つは人間も基本とする食材です。私は風邪をひいて数日寝込んだとき、おかゆに野菜とさけが入っているものを食べました。するとぐんぐん胃にしみ込む感じがわかります。体にやさしいごはんを食べることで、元気が出てくることを実感しました。

この三つを基本にして、そのつど足りない栄養素を加えます。6大栄養素について考え、ご飯と肉と野菜を組み合わせ、プラスアルファを考えます。どうしても足りない栄養が気になるときは、サプリメントを使ってもよいでしょう。

犬ごはんの食材選びは、食品添加物のない、加工されていない食材を選ぶことです。ソーセージやウインナー、ハムなどの加工品や、お惣菜の揚げ物なども避けましょう。

おすすめの食材

手作りごはんにおすすめの食材です。材料には、旬の食材を選ぶようにしましょう。季節の食材が体にやさしく、栄養もたっぷり入っています。

肉・魚

肉や魚は、たんぱく質の重要な供給源となります。たんぱく質はホルモンや神経の働きを助けます。また筋肉をつくったり、皮膚を整えたりする働きがあり、不足すると体全体の機能低下につながります。免疫機能も低下する恐れがあるため、不足しないよう、できるだけ毎食あげましょう。

豚肉　ビタミンB群も豊富に含み、牛肉の約10倍近く含まれます。亜鉛、鉄分などのミネラルも多く含まれます。豚肉はトキソプラズマなどの菌がいる可能性があるため、中心部までしっかり加熱してください。目安としては75℃以上で1分間以上の加熱が望ましいです。

鶏肉　必須アミノ酸が多い、良質なたんぱく質です。特に胸肉は脂質が少なく、低カロリーなので、ダイエット中の食事におすすめです。ビタミンAも豊富に含みます。鶏肉の骨は縦に裂けて内臓を傷つける恐れがあるので避けましょう。

牛肉　ビタミンB群も豊富に含みます。特に貧血予防に適した鉄分が多く含まれます。

猪肉　鉄分、ビタミンB群も豊富に含みます。

馬肉　鉄分、カルシウムも豊富に含みます。

鹿肉　ビタミンB_6、鉄分、マグネシウムなども含まれます。

ラム肉　鉄分、ビタミンB群を豊富に含みます。必須アミノ酸を多く含みます。

豚レバー　鉄分、ビタミンA、ビタミンB_2、ビタミンB_{12}、葉酸などが含まれます。中心部まで十分に加熱してください。

たら　たらの身は脂肪をほとんど含まず、良質なたんぱく質と水分が豊富です。そのほか、ビタミンB_{12}、ビタミンD、マグネシウムなども含まれます。

さば　鉄分、ＥＰＡ（エイコサペンタエン酸）、ＤＨＡ（ドコサヘキサエン酸）などが含まれます。ビタミンDやカリウムも豊富に含みます。

煮干し カルシウム、ビタミンD、鉄分などを含んでいます。

まぐろ 鉄分、EPA、DHAなどが含まれます。抗酸化作用があるセレン、アミノ酸の一種であるタウリンなども含みます。

野菜

野菜は食物繊維が豊富です。繊維が腸の掃除をしてくれるので、たっぷりあげましょう。窒素の排出にも役立ちます。ゆでたり炒めたりします。圧力鍋に入れて柔らかくし、食べやすくするのもよいでしょう。次のような野菜がおすすめです。

小松菜 ビタミンA、ビタミンC、鉄分、カリウム、カルシウムなどが含まれ、栄養価が高いです。カルシウムはほうれん草の3.5倍多く含まれています。

白菜 ビタミンC、β-カロテン、カリウムなどが含まれます。水分量が多いので水分補給にもなります。食物繊維が豊富です。

水菜 ビタミンC、鉄分、カルシウムが含まれます。食物繊維が豊富です。水分も多く含むため、水分補給にも最適です。

キャベツ　ビタミンC、カルシウム、ビタミンB_6、ビタミンK、食物繊維が多く含まれます。ビタミンUが胃腸の調子を整えます。

春菊　カルシウム、鉄分、ベータカロテンの含有量が多いです。ビタミンB_6も含まれます。胃腸の調子を整えます。香りにリラックス効果がありますが、苦味があるためいやがる場合は無理にあげないでください。

ピーマン　ビタミンC、カルシウム、ビタミンDなどが含まれます。豊富に含まれるクロロフィルには高い抗酸化力があります。へたや種は取り除いてください。

ブロッコリー　ビタミンE、ベータカロテン、抗酸化作用のあるスルフォラファン、カリウム、鉄などが含まれます。ビタミン類がたっぷり含まれています。茎もゆでて食べることができます。

かぶ　ビタミンC、鉄分、マグネシウム、カリウムなどが含まれます。葉も細かく刻んでゆでて食べることができます。

だいこん　ビタミンB群、ビタミンC、カリウムなどが含まれます。消化を促進する酵素アミラーゼが含まれます。水分も多く含むため、水分補給にも最適です。

あずき　ビタミンB群、食物繊維、カリウム、マグネシウムなどが含まれます。必ず加熱してから使ってください。豆類はつぶして食べやすくします。

黒豆　ポリフェノール、ビタミンE、食物繊維などが含まれます。必ず柔らかくゆでたものをあげてください。

ごま　ビタミンB群、食物繊維、カルシウム、鉄分などが含まれます。すりつぶしてあげてください。

しいたけ　ビタミンD、葉酸、ベータグルカン、食物繊維などが含まれます。においをいやがる場合は、無理にあげないでください。

しめじ　必須アミノ酸、ビタミンB群、鉄分、カリウムなどが含まれます。食物繊維もきのこの中では多いほうです。

穀類・いも類

脳や体を動かすエネルギーのもととなる炭水化物を多く含みます。炭水化物は神経組織や赤血球などに栄養を供給する役割があるので、毎食あげましょう。次の食品がおすすめです。

白米

消化吸収が高く、ミネラル成分も多く含まれます。カロリーが高いので、与えすぎないようにします。

さつまいも

ビタミンC、ビタミンE、カリウム、ビオチンなども含まれます。皮も食べることができます。不溶性・水溶性両方の食物繊維が豊富で、腸内環境を整えます。ビオチンとはビタミンの一種で、皮膚や毛の組織の健康を保ってくれます。

じゃがいも

ビタミンC、食物繊維、ビタミンB_1、カリウムなどが含まれます。緑色になっているものは与えないでください。また、芽にはソラニンという毒素が含まれるため、与えないようにしましょう。

里いも

ビタミンC、ビタミンB群、食物繊維なども含まれます。特に胃の粘膜を保護するムチンが多く含まれます。皮は厚く、消化に悪いので、与えないようにしましょう。

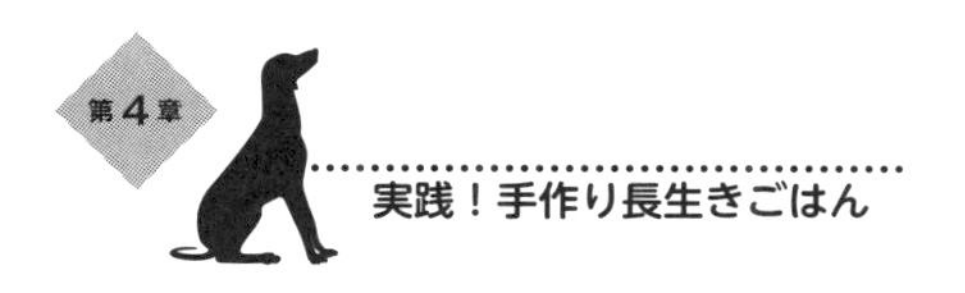

種子

これらの食品から摂取できる油脂は体力や体温調節に必要な栄養素です。少量でも大きなエネルギーを生み、細胞膜やホルモンをつくる元となります。動物性油脂は肉や魚に含まれますが、植物性油脂は種子に多く含まれています。脂質が不足すると、血管や細胞膜が弱くなる恐れがあります。

えごま油　ビタミンC、カルシウム、β-カロテンなどが含まれます。
亜麻仁油　α-リノレン酸、食物繊維、アマニリグナンなどが含まれます。
チアシード　鉄分、ビタミンB群、マグネシウムなどが含まれます。

食べてはいけない食材

おすすめの食材とは逆に、食べてはいけない食材、またはあまりおすすめしない食材を紹介します。

チョコレート

チョコレートを食べると嘔吐や下痢を引き起こします。またけいれんをおこす犬もいますので食べさせないようにします。これは、チョコレートに含まれるテオブロミンが原因といわれています。カカオに含まれる成分で、中毒を引き起こしてしまう恐れがあります。食べてしまった場合は、動物病院を受診してください。

玉ねぎ・ねぎ類

これらを食べると下痢や嘔吐、血尿などを引き起こします。ねぎ類に含まれる有機チオ硫酸化合物は赤血球を破壊するため、貧血になり、意識がなくなることもあります。この成分は、加熱しても変化しないため、炒めた玉ねぎがハンバーグの中に少量入っているだけでも、犬にとっては危険です。玉ねぎのみそ汁は汁だけを飲んでも、成分が汁に流れて出ているため危険です。飲ませないようにしましょう。

にら・にんにく

ねぎ類と同じ成分が含まれています。この成分はにらとにんにく以外にも、らっきょう、エシャロットにも含まれています。これらも食べさせないようにしましょう。

鶏の骨

肉の骨の中でも鶏肉の骨は与えないようにしましょう。鶏肉の骨は砕けたときに縦に割けやすいため、とがった形状になります。のどや内臓を傷つけてしまうおそれがあります。

ぶどう

犬に与えると、急性腎不全になる原因となります。原因成分はいまだ解明されていませんが、生で食べてもレーズンなどの乾物でも、発症します。嘔吐や下痢も引き起こすため、あげないようにしましょう。

これらの食材を間違って食べてしまった場合は、獣医師に相談してください。

シュウ酸に注意

ほうれん草は体によいといわれ、たくさん食べるようにいわれますが、シュウ酸を多く含みます。シュウ酸はカルシウムや鉄の吸収を妨げる特徴があります。シュウ酸が体に入るとカルシウムと結合してシュウ酸カルシウムとなり、結石の原因となります。シュウ酸カルシウム結石の犬や腎臓が悪い犬にはあげないほうがよいでしょう。

水に溶ける性質があるので、一度下ゆでをしてから使用するとシュウ酸は半減します。シュウ酸の含有量は、ほうれん草が７００mg／１００g、小松菜が50mg／１００g です。似たような青菜でもシュウ酸の量が格段に違いますので、青菜を選ぶなら小松菜にします。にんじんのシュウ酸含有量は ３００mg／１００gと高めですので、量に注意が必要です。ほかにも、たけのこやしょうが、みょうがなどがありますが、これらをごはんに入れることはまずないと思います。

足りない栄養素を補う手作りふりかけ

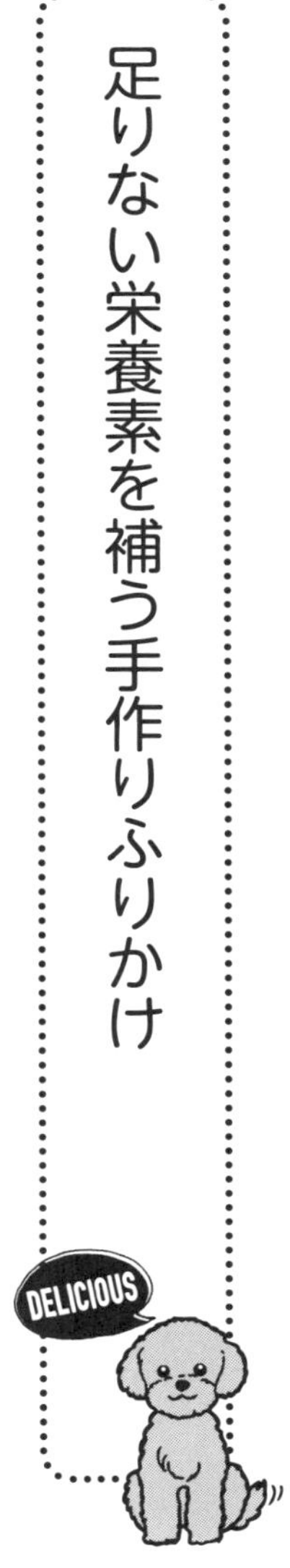

ごはんと肉と野菜の組み合わせが基本ですが、これだけだと確実に体をつくるのに足りないものがあります。カルシウムやマグネシウム、鉄、亜鉛などのミネラル成分やビタミンDです。

これらをとるのに、以下の食材を使って工夫していました。自分の犬の健康状態に合わせて随時追加してつくりましょう。

煮干し　カルシウム
レバー　鉄分
ごま　カルシウム、マグネシウム
干ししいたけ　ビタミンD
しじみ　亜鉛

煮干しはたんぱく源となりますが、さらに豊富なカルシウムや鉄分が含まれています。丸ごと食べるのが一番ですが、売られている種類によって水分量が違うことと、圧力鍋を使って煮ても、どうしても骨が残って喉に刺さるダメージがあるため、粉にして使います。ただ、粉だと香り高くなりすぎて、独特な風合いがでるため好き嫌いが分かれやすくなります。においが苦手な子には、量を減らしたり、他の野菜と組み合わせたりして工夫してみてください。

また、煮干しは「りん」の含有量が多いので、腎不全の犬には大量に使わないほうがよいでしょう。

むきしじみには亜鉛だけでなく、ビタミンB群、ビタミンA、カルシウムや鉄なども含まれています。むきしじみの冷凍を常備しておき、スープやごはんに入れて使うと便利です。ジョニーはおいしそうによく食べていました。また、フライパンで蒸したものも、喜んで食べました。

亜鉛が多く含まれているものに小麦胚芽があります。よいと聞いて試してみましたが、ジョニーの便が、いつもはもりっとして丸い形なのが、小麦胚芽をとるとサラサラとした便になり、明らかに消化も吸収もしていないのを感じて、使うのをやめました。

食材によっては合う子と合わない子がいますので、一度あげてみて、食後の様子を観察して判断してください。とくにうんちが教えてくれます。


鉄分をたくさん摂取できるのはレバーです。ビタミンB群、ビタミンA、葉酸などの栄養も豊富です。

レバーの調理法は、まず下ゆでしてからザルにあげます。次にボールに移してへらなどでペースト状にします。多めにつくり、小分けにして、冷凍にしておきます。野菜と合わせてあげると喜んで食べます。

また新鮮なレバーの場合、スライスしてフライパンで軽く焼いてあげてもよいですね。焼いたものをたくさんつくって、冷凍保存も可能です。おやつにあげても栄養補給になります。冷凍を活用して、上手に使っていきましょう。


カルシウムやマグネシウム、抗酸化作用のあるセサミンは、ごまにすべて備わっています。ごまは、鉄分も豊富で、さらにはビタミンB群、食物繊維などが含まれています。

ごまはすって使いましょう。すり鉢などがない場合は、コーヒーミルで代用できます。ごまの種類は、白ごまでも黒ごまでもどちらも食べられます。丁寧にすったごまを、料理にかけてあげてください。5gほどで十分栄養が補給できます。

すったごまは酸化しやすいため、冷蔵庫保管で2~3週間で使いきりましょう。

干ししいたけは、ビタミンDの含有量が高く、生のままのしいたけの10倍の量含まれています。手で小さく割ってから、野菜を煮込むときに一緒に入れて使います。または、コーヒーミルで粉砕しても使えます。粉になった干ししいたけはだし汁として使ったり、料理に振りかけてあげたりします。だし汁として使う場合は、スープをつくるときに野菜と一緒に入れて火にかけます。

カルシウムの吸収率を高めるので、カルシウムが豊富な食品と一緒にあげましょう。少量でも栄養補給になるので、ぜひ利用してください。こちらも冷蔵庫保存で2~3週間で使いきりましょう。

これらの食材を上手に利用しましょう。足りない栄養を補うだけでなく、味のアクセントにもなりますし、よい香りも楽しめます。

材料の組み合わせ方

ここで、簡単な材料の組み合わせ方を説明します。基本は前述したように重量が野菜（1）：肉（魚）類（1）：お米（1）となります。季節に合わせて野菜の種類を変えたり、肉や魚の種類を変えたりして変化をつけていきます。

組み合わせ例

1 小松菜＋豚肉＋白飯　一番簡単なごはんです。こちらがベースです。これに、プチトマトを4分の1に切って、ごま、亜麻仁油をかけます。

2 （キャベツ＋にんじん）＋豚肉＋白飯＋プチトマト

3 （白菜＋にんじん）＋たら＋白飯

4 （水菜＋キャベツ＋にんじん）＋ラム肉＋白飯

5 （キャベツ＋にんじん＋じゃがいも）＋鶏肉＋白飯

6（大根＋にんじん＋小松菜）＋さば＋白飯
7（さつまいも＋にんじん＋ピーマン）鹿肉 ＋白飯
8（ピーマン＋じゃがいも＋しょうが）＋豚肉＋白飯（チンジャオロースー風）
9（レタス＋トマト）＋まぐろ＋白飯（まぐろ茶漬け風）
10（レタス＋きゅうり）＋牛タン＋白飯（牛タン丼風）

こんなふうに、野菜の組み合わせを変えて歯触りに変化をもたせてみましょう。また肉類・魚類もさまざまな種類のものを選んで変えてみます。

白飯が基本ですが、おじやにしたり、炊き上がりのかたさに違いを持たせたりしてみましょう。香りや味、歯ざわりの違いは、楽しい食事タイムを育んでくれます。

調理の実践！

切り方【肉や野菜の切り方】

野菜や肉・魚は包丁で食べやすい大きさにカットします。だいたい一口で食べられるサイズにしましょう。ドッグフード以上に小さくしすぎてしまうと、食べているときの、「ムシャムシャ」の楽しみがなくなってしまい、それが毎日だとちょっとかわいそうです。かといって大きすぎても食べづらいため、犬の口のサイズに合わせ、1㎝前後の大きさに揃えるとよいでしょう。

フードプロセッサーのような機械を使って楽をすることも大切です。つくることが負担になってしまって、けっきょく手作りごはんをやめてしまうことになるのも困りますから。

いも類やにんじんなど5㎜～1㎝四方の角切りにします。菜っぱも同じくらいに切ります。犬の様子を見ながら、食べづらそうなら小さくしましょう。反対にすぐに食べ終えてしまうようでしたら、もう少し大きくして歯ごたえを加えてもよいでしょう。

基本レシピ

野菜と肉を一口大に切ります。

鍋に水を入れ、火をつけて沸騰させます。沸騰したら野菜を入れて煮込み、肉はさっとゆでたらできあがりです。調味料などの味つけは行いません。

肉や魚は、色が変われば完成ですが、豚肉はしっかりと中まで火を通してください。最後に、ごま、油など好みのトッピングをして、でき上がりです。食べられる程度まで冷ましてから食べさせます。

これをおかずのベースとします。ここへ白米を追加して1食分になります。どんぶりのように、同じお皿にごはんと肉、野菜を盛り合わせます。

また補助として、作りおきしておいた副菜も加えればバリエーションは無限大です。たとえば、肉や野菜、煮干しを煮たものをつくっておけば、他の食材を足して、バリエーションを楽しむこともできますし、毎日同じでない食材のごはんを食べることにもなります。煮干しのほかにレバー、ごま、干ししいたけなどを足してもよいですね。さまざまな栄養素を補給できます。

1食の献立は「基本のおかず（肉魚野菜）＋白飯＋トッピング」といった形を目安にするとよいでしょう。

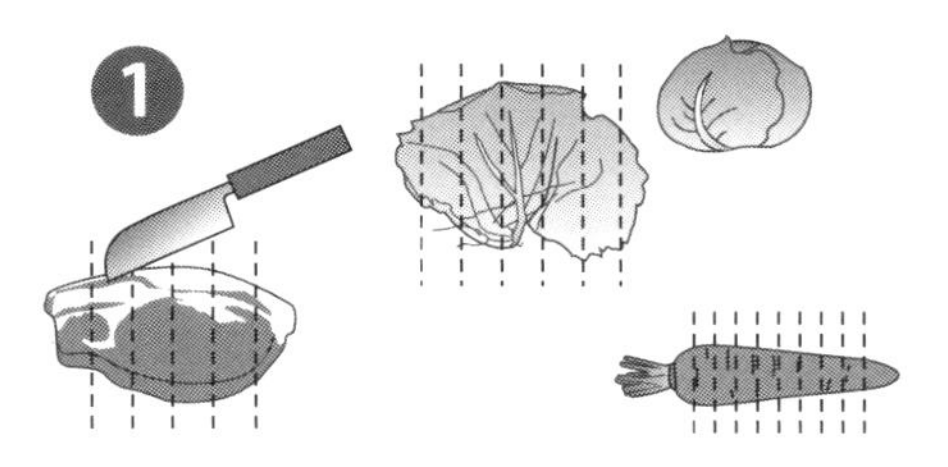

肉や野菜を一口大に切る。

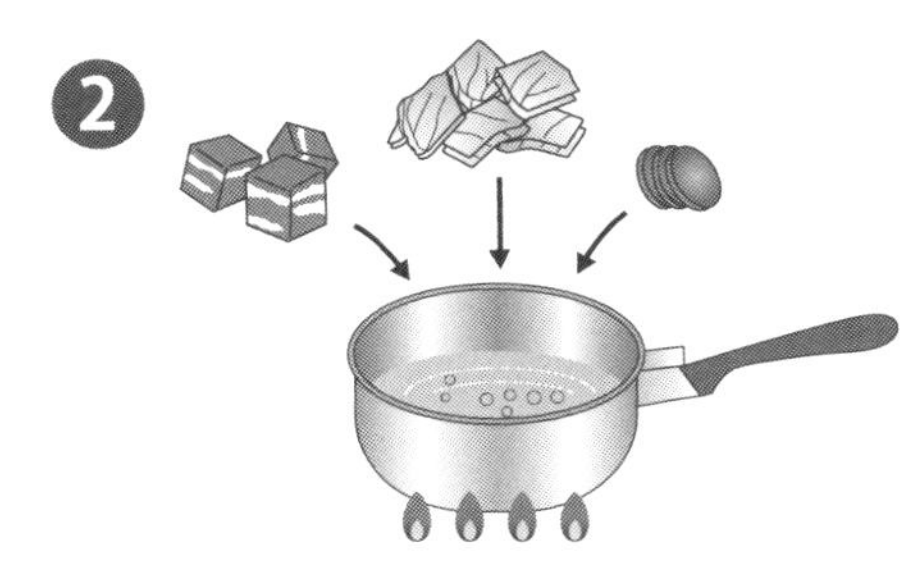

鍋に水適量を入れて沸かし、肉と野菜を入れる。

柔らかく煮えたら、白飯とごまなどを入れる。

長くおいしく食べられる冷凍のすすめ

おかずは一度に作りおきをして、冷凍するのがおすすめです。本来なら毎食ごとにつくって、調理中の香りやつくる工程を一緒に楽しむのがベストですが、忙しい日もあるのが現実ですよね。そんなときのために、作りおきをして冷凍しておけば、飼い主の負担もぐっと減ります。

1週間分程度の量を一度につくって、ジッパーつきのフリーザーバッグに一食分ずつ入れて冷凍しておきましょう。1回分を小分けにしておくと、使うときに便利です。真空パックにできる保存容器もありますので上手に利用しましょう。

フリーザーバッグに入れたおかずを、袋の上から菜箸などで押さえて4等分にしておくと、1回分が取り出しやすくなります。野菜の種類によって分けて入れて、何の野菜かフリーザーバッグに書いておきます。冷凍庫の形状によりますが、平らに重ねて保存します。しっ

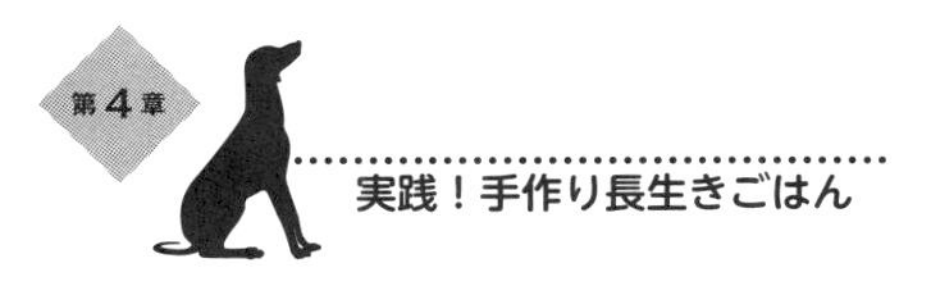

かり凍ったら本のように立てて保管してもよいですね。

解凍するときは、食べる前日に冷蔵庫に移しておきます。さらに湯煎をして温めると喜びます。解凍を忘れてしまったり、時間がないときは電子レンジを使っても構いません。

ただし電子レンジは、食品に含まれる水分子をマイクロ波で振動させることで加熱しますので、食品に含まれる成分に変化が起こると考えられるため、私は使いませんでした。水分の蒸発によって、調理前の加熱によって、食品の水分量も減ってしまいますので、できるだけ自然解凍が好ましいと考えます。

袋を平たくして、箸などで十字に線をつけると、凍ったものを折って取り出せる。

食中・食後の観察　量は？　体調は？

ジョニーに白飯と肉と野菜と、プラスアルファのごはんをつくっていて感じたことですが、我が家の場合は、ＡＡＦＣＯ（44ページ）で設定されている規定量の食事だと、多すぎるなという印象でした。

実際に与えてみると、その後の体の動きが遅くなったり、はつらつとした感じがありません。体の中で消化のためにエネルギーを費やしているようで、体の中が忙しいんだろうなと感じました。ですから、スムーズに代謝ができるように、食事の量を少し減らして与えました。

ＡＡＦＣＯは総合的な栄養バランスを考えて設定されていますので、もちろんその量でつくれば適度な栄養がとれると思います。しかし、犬には個体差があるため、消化や吸収に違いがあることも忘れてはなりません。あきらかに多すぎるのに、無理やり食べさせることはやめましょう。逆に、どんどん痩せて弱っていくようなら、栄養がさらに必要な場合があります。運動量が多い犬の場合などが考えられます。

毎日教科書どおりにつくらなくてもいいのです。栄養が偏らないように、毎日同じものをあげないようにさえ注意して、多量にはあげすぎないことも大切です。

多少不足していても、その足りないものを取り入れようと体は働くものですし、多すぎるよりも、少ないほうがかえって吸収率が高まります。慢性的な栄養不足にならないように注意しながら、犬に適した量を見つけましょう。

今日食べた食材と量をふまえて、食後の様子を観察します。元気、活力、食欲、排泄物、体型、体調などをチェックしましょう。その結果を今後の料理に取り入れて、調整していきましょう。

元気であることは、体に入れたものがきちんと消化されて、しっかりと体内に吸収され、余分なものは排出されるという「代謝」がうまくいっている証拠です。体に入れる食材の量が多くてもいけないし、少なくても元気がなくなります。排出される量と質もしっかりみていきましょう。

活力は、目がいきいきしているか、でもわかります。目に力があり、輝きがあるかどうか、食事をあげるときによく見てください。

食事の食べ方で、食欲があるかどうかもチェックします。いつもどおりしっかりと食べるかどうか、時間がかかりすぎていたり、たくさん残したりしていたら、体調が悪いかもしれません。様子を見て、食欲が戻らないようでしたら獣医師に相談してください。

体形は常日頃の観察が必要です。57ページ記載のボディコンディショナースコアを利用しながら、体系に変化がないか確認しましょう。

犬の体を車にたとえると、燃費も大切です。消化活動で体に負担をかけすぎないようにするのも大切なのです。

排泄物のチェックも必要です。食べたものがそのままの状態で排泄されていると、栄養が十分に吸収されていない恐れがあります。どの食材のときに固形のまま排出されるかをチェックしましょう。その食材が体に合わないか、もしくは刻み方が大きすぎているのかもしれません。食材を変えるか、調理方法を変えてみましょう。

食材は食べさせてはじめてその子に合う合わないがわかります。まずは調理して食べさせてみて、その後の様子を観察することが大切です。

ジョニーに与えた小麦胚芽も、排泄物の量が教えてくれました。ジョニーの拒否の意思を感じ取ったのです。

おしっこの量が教えてくれることもあります。手作りごはんにすると、必然的に与える水分量が増えるので、おしっこの量が増えます。

それなのに、おしっこの量が減っているなと気づいたら、水分が足りないのかもしれません。水分量が少ないと体が枯れているような状態で、病気が起こりやすくなってしまいます。そういうときは水分量を多くします。スープをつけ加えたり、飲み物を与えたりします。

そうすると、体内の水分循環がよくなり、尿量が増えて、体の中がきれいになっていくので、腎臓の負担も最終的に減っていきます。

おしっこの量が多くても様子が元気であれば、体から余計な水分が出てデトックスされていることも考えられます。しかし、様子があまりよくない場合は、膀胱炎、糖尿病、腎不全などが考えられます。反対に少ないときは、水分不足や、尿閉塞などが考えられます。

うんちの量が多い場合は、栄養の吸収率が悪いことが考えられ、食べ過ぎ、食事が合ってないなどが原因としてあげられます。少ない場合は、栄養分の吸収がよいか、便秘ということも考えられます。

量だけでなく、においや色でわかることもあります。愛犬の排泄物は体調のバロメーターでもありますので、よく注意してくださいね。

ジョニーでの経験

ジョニーはほぼ、この基本レシピとプラスアルファの食事で過ごしていました。プラスアルファには、煮干し、ごま、レバーなどを与え、それで十分元気に過ごしました。

この本に記載したレシピには、成犬のために必要な栄養素を考えて、ＡＡＦＣＯの基準に準じた量にしてあります。基本食だと補えない栄養を、他のもので補うことも大切です。犬は、人に比べて鉄分や亜鉛を多く必要とします。鉄分などを補う場合、基本食にレバーを追加することをおすすめします。ジョニーもレバーが大好きでした！

ごまもおすすめですが、そのままあげずにミルなどですってあげると、食べやすくなります。干ししいたけも砕いて粉末にして、ふりかけにすると便利です。

これらの食材を、基本の野菜と肉とともに一緒に煮たり、食べる直前で加えたりします。体調を見て、不足している栄養が気になる部分があれば、補助食品を追加します。

栄養のことだけを考えていると、どうしてもそっけない食事になってしまいがちです。ですからときどき、ごほうびもＯＫにしていました。ジョニーはラム肉を食べると、とても目が輝いて、こちらまでうれしくなりました。また、いつもはあげないのですが、焼肉屋さんやトンカツ屋さんのおみやげを分けたとき、本当においしそうに食べていました。揚げ物などは基本的にはあげませんが、ごほうびに一口程度なら大目に見ていました。

高齢になってくると食が細くなってきて、いつもの食事を食べないことがあります。そんなときは、たまに変わった食べ物を与えてみるといいですね。なんだろう？と興味が湧いて食事にも積極的になります。もちろん、これが毎日だと肥満になり、健康は続かないと思いますが、ときどきは、そんな日もあってもよいのではないでしょうか。

健康第一、栄養も十分、そして食べることの楽しみも経験させてあげてはどうかと思います。

肝臓へのサポート

肝臓は、次の三つの機能があります。

◎代謝　主に胃や腸で分解・吸収された栄養素を、利用しやすい物質にして貯蔵する働き。さらにそれらを分解してエネルギーに変換する

◎解毒　体内で発生するアンモニアなどの毒性がある物質を無毒な状態にし、排出する機能

◎胆汁の生成と排泄　胆汁をつくり出し、脂質の消化吸収を助ける働き。胆汁の流れが悪くなると、血液中にビリルビンという色素が増加して、皮膚が黄色くなる黄疸が起こる

肝臓への負担を大きくしないためには、過度の薬物投与をしないことや、過食に気をつけて、肝臓の炎症を起こさないことが大事です。薬物投与を続けると代謝がうまくいかなくなることがあります。また過食により必要以上のエネルギーをとり続けると、肝臓に脂

肪が蓄積し、脂肪肝などを起こすことがあります。
肝臓をサポートするには、負担を軽くするように消化のよいものをあげます。肝臓の代謝、解毒に配慮した食事です。特に、脂肪は肝臓にも影響しますので、脂質の種類に気をつけましょう。魚の脂分にはＤＨＡ、ＥＰＡが含まれ、健康維持に働くのでおすすめです。

気をつけなくてはいけないのは、糖分の与えすぎです。ＡＧＥの高いものは避けましょう。ＡＧＥとは、糖がたんぱく質とくっつく現象で、体内にＡＧＥが蓄積されると老化が進みます。ＡＧＥのもととなる糖質の摂取を減らしていきましょう。
お腹がすくと吐くなどの理由から、食事と食事の間におやつをあげているという方もいます。しかし、胃酸が出続ける状態になると、かえって胃が荒れる原因になります。糖質が多いと肝臓は炎症を起こしやすいので、おやつをあげるときも1日の栄養の配分を考えていきましょう。

肝臓への負担となっていることの一つに、同じドッグフードを食べ続けているということが考えられます。ドックフードだけを食べていると、水分摂取量が少なくなることが多く、体全体の水分が足りなくなりがちなのです。

肝臓の病気には、西洋医学の薬で、ウルソ、スパカール、ヘパヒカなど、肝臓のエネルギー生産の機能を改善し、また解毒作用の効果を発揮させる薬剤が治療薬として使われます。

中医学的な観点から肝臓のことをみると、気・血・津液（涙やだ液、汗など血液以外の水分）を巡らせる働きがあります。肝臓が十分に働いて健康な状態なら、血流の流れはよいものです。そうであれば、気持ちが安定して落ち着いた様子になります。

肝の排出機能の障害は、体全体に及びます。病気の症状から脾臓や胃が原因だと考えていたものが、実は最初は肝が原因だったということもあります。基本的な知識は正確に見極めるうえで最も重要となります。

東洋医学における陰陽五行説をヒントとして精神的な面であげられるのは、肝臓は「怒り」を表しているということです。怒りを表に出していればまだよいのですが、それを自分の内側に閉じ込めてしまうと、肝臓に現れます。犬の毎日の生活で思い当たることがないか、参考にしてみてください。

腎臓へのサポート

食事をつくる前に、腎臓と肝臓のしくみを知っておきましょう。食事を与えるうえで、腎臓と肝臓へのサポートが必要になってきます。

腎臓は、次の三つの機能があります。

◎血液中の老廃物や塩分をろ過し、尿として体の外に排出する機能。これにより体内の体液も一定に保たれる

◎体の維持に関わるさまざまなホルモンを生産する役割

◎体の水分量の調整や、ミネラルの濃度を調整する働き

愛犬が元気で長生きするには、腎臓に負担をかけない食事が大切です。西洋医学的な食事の考え方は、腎臓になるべく負担をかけないためのものです。なるべく、リンが多くな

らないように、たんぱく源を肉よりも魚中心にして、また植物性たんぱく質（豆類・穀物類）を用いるなどの工夫が必要です。

東洋医学的な考え方では、腎臓には先天的に両親からもらった「気」が入っているとされます。その気を使いながら生きていくので、腎臓こそが命の灯だといいます。

漢方の考え方では黒い食材がおすすめです。黒豆、黒胡麻、黒きくらげなども食材として使えます。良質なたんぱくが必要ですので、肉だけでなく、魚も取り入れましょう。

しかし、食材に気をつけるあまり、元気がなくなってしまってはそれも問題です。あくまでも個々に合った食材を使うことが大切です。

また、手作りごはんにすると、野菜や食材に元々含まれている水分をとることができて、ドッグフードよりもたくさん「生きた水」が体内に入るので、腎臓への負担は減らせます。

東洋医学における陰陽五行説では、「五臓には感情が宿す」と考えられています。その場合の腎臓は、感情として「恐怖」を司る臓器となります。精神的なレベルで考えると、腎臓の問題があるときは、何かを怖がっていないかという視点を持ってみるとよいでしょう。視点を変えるとストレスが減るかもしれません。

具合が悪いときのごはん

ボーンブロススープ

断食・断食後の回復食として最適なスープです。ボーンブロスとは、鶏などの骨髄の成分を煮出したスープのことをいいます。栄養満点で、腸を整える働きがあります。骨にはビタミンやコラーゲンなどの栄養素を豊富に含んでいます。鶏ガラスープは肉の部分も一緒に煮込みますが、ボーンブロススープの場合、骨のみを使い、肉部分はそぎ落とします。そうすることによって圧倒的に脂肪分が少なくなります。

手羽先など肉もつけたまま使うと、コラーゲンやゼラチンを多く抽出することができますので、栄養的に必要なときは、お好みで使い分けてください。

常備して毎日あげるとよいですが、具合が悪いときもとてもおすすめです。

朝、晩、お腹が空いたときなどにあげます。もちろん、飼い主の体にもよいので一緒にいただけます。人間用につくると通常玉ねぎが入るので、入れないように気をつけてください。

GOHAN!

材料

水4ℓ
鶏ガラ2羽分
にんじん　1本
干ししいたけ　10g
セロリ　1本
アップルタイザー（またはりんご酢）　小さじ1

作り方

1　鍋に水を入れて、鶏ガラを洗って入れます。肉部分はお好みで削ぎ落としてもよいです。
2　にんじん（無農薬野菜のときは皮ごと）を1本そのまま入れ、干ししいたけもそのまま入れます。
3　セロリは鍋に入る大きさに切って入れます。
4　アップルタイザーを入れて火にかけます。
5　沸騰したら10分ほど煮込んで火を弱めます。アクが出たら取り、中火～弱火で1～2時間ほど煮込みます。余裕があれば、3～4時間ほど煮込むと、さらにエキスが出ておいしくなります。

6　冷めたらザルでこしてでき上がりです。

でき上がったスープは冷凍保存もできます。製氷皿に入れて凍らせれば、スープが小分けできるので便利です。凍らせたら3週間ほどで使いきります。スープとしてそのまま楽しめますし、おじやのベースとして使うこともできます。とてもおいしくでき上がりますよ。

❶

鶏ガラ、野菜、アップルタイザーを入れ、ゆっくり煮てエキスをとる。

❷

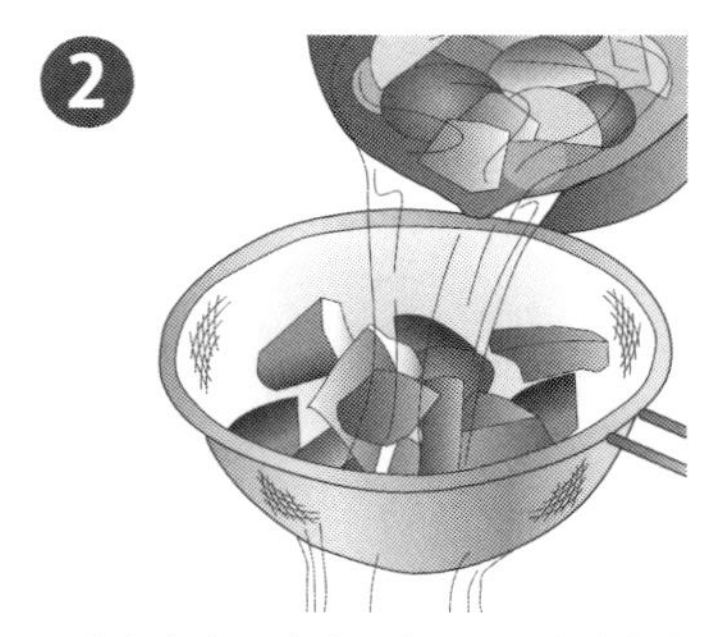

火を止めて冷めるまでそのままおき、ざるでこしてスープをとる。

お腹の調子が悪いときのメニュー

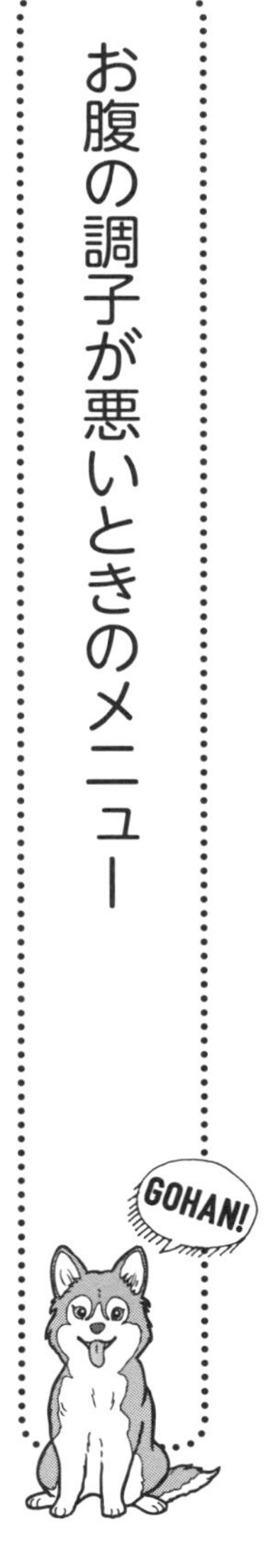

卵おじや

お腹がゆるいときに最適なメニューです。子犬から老犬に与えられます。

お腹の調子が悪いときには消化のよい「卵おじや」がおすすめです。卵おじやは、水から煮てもつくれますし、ボーンブロススープをベースにしてもつくれます。

元気がないときは、胃腸の具合も疲れているので少し休ませましょう。胃腸に負担がからないよう、消化のよいものをあげます。ボーンブロススープで断食させ、卵おじやをあげて様子を見ます。欲しがるからと好きなものばかり多量にあげないようにしてください。

卵は必須アミノ酸をバランスよく含み、たんぱく質やビタミンB群を多く含みます。代謝機能を調整してくれます。

材料

白飯　30g
水またはボーンブロススープ　３００㎖
卵　1個
小松菜　40g

エネルギー量
140kcal

作り方

1　鍋に水またはスープを入れて、一口大に切った小松菜を入れて、火にかけます。
2　小松菜が柔らかく煮えたら、白飯（炊いたご飯）を入れます。弱火にして溶いた卵を入れます。半熟になったら火を止めます。
3　冷ましたらでき上がりです。

小松菜は食べやすい大きさに刻みます。白米を入れる前に小松菜だけを取り出し、冷凍保存することもできます。多めに煮て、別の日の食材に使いましょう。

肝臓をケアするメニュー

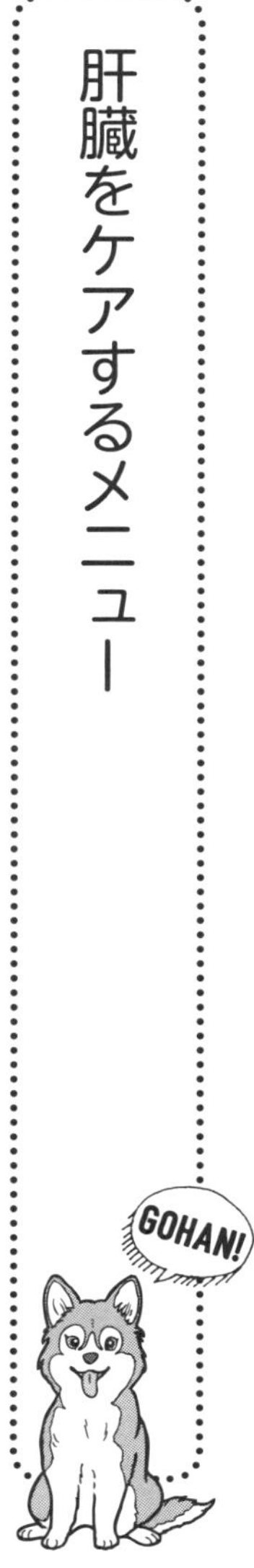

たらのおじや

たらのおじやは肝臓ケアになります。シンプルでおいしく、食いつきのよいメニューです。たらには良質なたんぱく質が含まれており、元気のもとになります。

このレシピにはさらに、レバーと小松菜、納豆も追加しています。鉄分、ビタミンとミネラルが豊富に含まれているので、栄養補給になります。黒ごまはカルシウムが含まれ、抗酸化作用にも期待できるので、体調を整えるのにぴったりなごはんです。

材料

白飯 60g
水またはボーンブロススープ（140ページ）300㎖
たら 50g
納豆 20g

エネルギー量
297kcal

小松菜 20g
プラスアルファ〈豚レバー20g　黒すりごま 5g〉

作り方

1 レバーは小さく切り、臭みを取るために、湯でさっとゆでます。たらも小さく切り、水でさっと洗って水気をきります。
2 小松菜は洗って一口大に切ります。
3 鍋に水またはスープを入れて煮立てます。中火にし、小松菜を入れてしんなりしたら、たらとレバーも加えます。
4 煮立ったら白飯を入れて弱火にし、具材が柔らかくなるまで約5分煮ます。
5 納豆を加えてさらに2～3分煮ます。
6 最後に黒すりごまを振りかけて、火から下ろします。

肝臓が疲れているときは、良質なたんぱく質をとるようにしてください。

腎臓をケアするメニュー

さけのおじゃ

生さけを入れたおじゃやは、腎臓ケアになります。さけには腎臓の健康をサポートする、良質なたんぱく質やオメガ3脂肪酸（DHAとEPA）が含まれています。栄養バランスを考えてさまざまな材料をそろえました。β-カロテンやビタミンEなども豊富で、高齢の犬にも適しています。このおじゃやは低たんぱく質食にもなります。

材料

白飯　50g
水またはボーンブロススープ（140ページ）300mℓ
生さけ（塩ざけは使用しない）40g
ゆであずき　10g
キャベツ　25g

エネルギー量
242kcal

GOHAN!

小松菜　25g

プラスアルファ〈豚レバー10g　煮干し（または煮干し粉）10g　黒すりごま5g〉

作り方

1　さけは骨と皮を取り除き、一口大に切ります。

2　豚レバーは細かく切って、沸騰した湯でさっとゆでて臭みを取り除きます。

3　キャベツと小松菜は洗って、細かく切ります。

4　煮干しは頭と内臓を取り除き、さっと水洗いしてから熱湯で軽く湯通しします（煮干し粉はそのまま使う）。

5　鍋に水またはスープとキャベツ、小松菜を入れて火にかけます。

6　煮立ったらさけ、豚レバー、ゆであずきを加え、5分程度中火で煮ます。

7　さらに白飯、煮干しを加えて5分ほど煮ます。

8　火を止める直前にごまを加えて、全体をよく混ぜ合わせます。

栄養補給のメニュー

豆腐のおじゃ

犬の心が落ち着く、お豆腐と卵おじゃのレシピです。やさしい味わいで、犬の心と体を落ち着かせる食事になるようつくりました。豆腐と卵は良質なたんぱく質源で、消化もよく、お腹にやさしいごはんです。豆腐にはカルシウムも豊富に含まれています。

また、豆腐に含まれるトリプトファンは精神を安定させる効果が期待されています。セロリの香りは、心を落ち着ける作用があります。興奮を鎮めたいときや、怒りを和らげたいときにおすすめです。

材料

白飯　50g
ボーンブロススープ（140ページ）200mℓ
絹ごし豆腐　50g

エネルギー量
270kcal

卵　1個
セロリ〈主に葉の部分、茎はスライス〉10g
プラスアルファ〈煮干し（または煮干し粉）10g　白すりごま5g〉

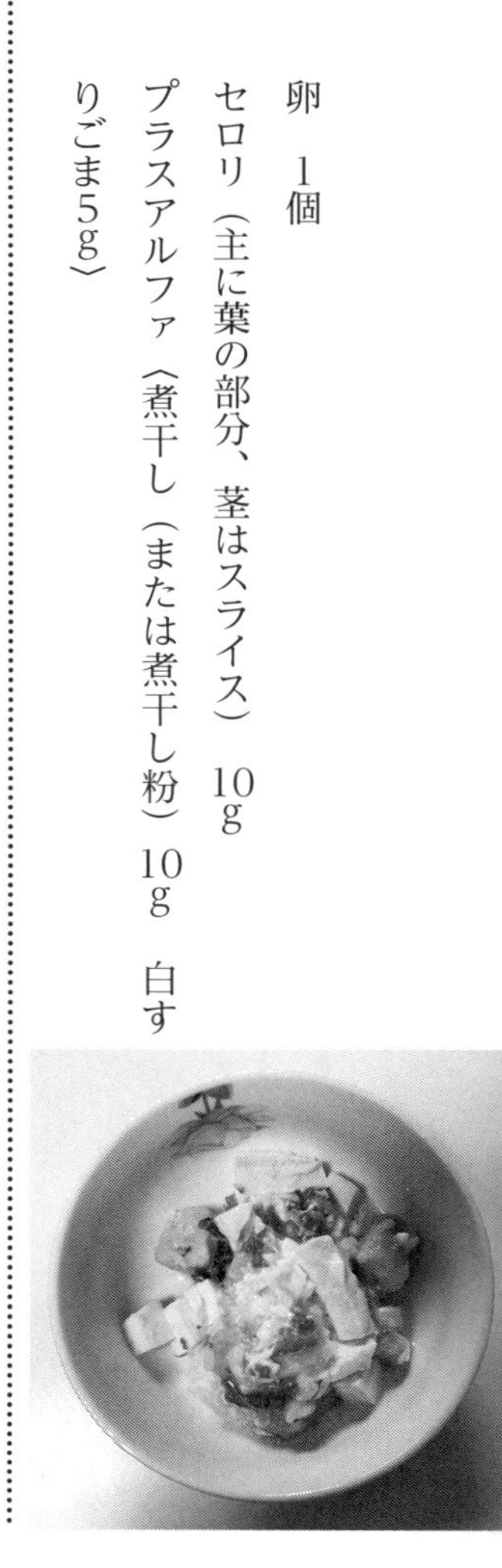

作り方

1　スープを鍋に注ぎ、中火で温めます。
2　軽く水きりした豆腐、さっとゆでたセロリ、湯通しした煮干し（煮干し粉はそのまま使う）をスープに加え、数分間煮込みます。
3　白飯を加えてなじむまで煮込みます。
4　卵をよく溶いておき、鍋の中の具が温まったら、溶いた卵をゆっくりと全体に流し入れ、蓋をして弱火で1～2分、卵がふわふわになるまで加熱します。
5　火から下ろす直前に、ごまを振り入れて完成です。

ジョニーは豆腐を食べると落ち着いていました。消化もよいので、定番メニューとしてよくつくったごはんです。やさしい味わいで食も進みました。セロリと豆腐の歯触りの違いも楽しんでいたようです。

納豆おじや

納豆は栄養価に優れ、還元力の強い食材です。たんぱく質、食物繊維、ビタミン類、ミネラル、レシチンなど、元気に過ごすために取り入れたい成分です。卵はたんぱく質が豊富で、小松菜なやにんじんは、ビタミンやミネラルをたっぷり含んでいます。ベースとなるボーンブロスでつくるスープは、消化を助け、関節の健康をサポートします。これらの食材を使ったおじやは、犬の体にも心にも優しい食事になりますよ。

材料

白飯　50g
ボーンブロススープ（140ページ）200㎖
納豆　30g
小松菜　50g
卵　1個

エネルギー量
273kcal

にんじん　10g
プラスアルファ〈豚レバー10g　煮干し（または煮干し粉）3g〉

作り方

1 豚レバーは細かく切って、湯でさっとゆでて臭みを取り除きます。
2 にんじんは洗って皮をむき、細かく切ります。小松菜は洗って一口大に切ります。にんじんと小松菜は、それぞれ軽くゆでておくと消化しやすくなります。
3 煮干しは熱湯でさっと湯通しして、頭と内臓を取り除きます（煮干し粉の場合は行わない）。
4 スープを鍋に注ぎ、中火で温めます。
5 スープが温まったら、豚レバー、にんじん、小松菜を加え、5分ほど煮込みます。
6 卵はよく溶いておき、鍋にゆっくりと加えて、軽くかき混ぜながら火を通します
7 最後に白飯を加え、全体をやさしく混ぜて温めます。仕上げに納豆と煮干しをトッピングし、火を止めます。

レバーは、下ゆでもしくは軽く焼くとよいでしょう。栄養たっぷりのメニューになります。

深みのある納豆の味が好きな犬も多いですよ。一度もあげたことがなかったら、ぜひトライしてみてください。

セカンドオピニオンについて

あなたの獣医さんとの相性はどうですか？　コミュニケーションがうまくとれなかったり、希望する診療に応じてくれなかったりすれば、他の獣医師を探すことを考えてみましょう。

獣医師の言っていることがわからない、診療に納得がいかない、すぐに薬を出されてしまう……。この問題は、お互いの相性やコミュニケーション、伝える力、受け取る力が問題になっていることがほとんどです。そのことが動物の健康に与える影響はあなたが思っているよりも大きいことがあります。

少し客観的に、自分が言いたいことを伝えられ、来てよかったという状態にするためにも、一度他の病院へ行ってみることも有効なことがあります。

現在、動物医療には西洋医療、自然医療、中医学、ヒーリングなど多くの専門分野があります。飼い主さんが望むケアを受けられるよう、いろいろな選択肢を探してみましょう。

手作りの調理タイムとヒーリング時間

「手作りごはん」は飼い主と愛犬の癒やし時間

ごはんを食べているときだけではなく、ごはんをつくっているときに感じる感覚こそが、犬と飼い主、双方の癒やしの時間でもあります。愛する「うちの子」にごはんをつくる時間って楽しいですよね。この食材は好きかな？　喜んでくれるかな～、どんな顔するかな～と考えながらつくる料理タイムは幸せです。よし！　今日はこれもサービス！などアイデアも思いついて、犬のことを考えながら過ごす時間はとても癒やされます。

愛を込めてつくるその思い、実行していること自体が、ヒーリングになるのです。そして、その愛は、見えないところで犬に届いているのですね！

台所に犬がいる場合、飼い主の愛情を感じて、大喜びしていると思います。飼い主の顔を見て、でき上がりをまだかまだかと思いながら、監督している気分かもしれません。

ジョニーが感じていたことは、ほかの愛犬達もきっと感じていることでしょう。少し代弁させていただきますね。

CUTE!

◎聴覚……料理する音を聞いて

あ〜〜〜！　台所へママが行った！　今からつくるのは、ぼくのごはんかな！（ガサガサと、野菜を取り出す音がする。まな板を出して、野菜を洗い、カットする音。トントントン！）　楽しいな、楽しいな、ぼくのごはんができてくるよ〜〜〜！　わーーーい！！

◎嗅覚……漂ってくる香りを嗅いで

鍋に野菜が入ると、よい香り。これは〜〜〜！　白菜と、甘いにんじんのにおいがする。あ！　あの甘ーいさつまいものにおいだ。今日はお腹いっぱいになるなー！！　それから、ああ、お肉のにおいがしてきた！　もう今日はごちそうだーーー！　待ちきれないよーーーー！！

◎温度……料理のほのかな温かさを感じて

（食べる前、湯気が出ているごはんの器に顔を入れて……）ちょっと熱い？　いや、温かい。このスープが、のどを通って、胃に入る。あったかいな〜〜〜。やさしいな〜〜〜。

ほっとする……。

◎味覚　舌に触れる瞬間

味、するよ。僕の味覚、ちゃんとあるよ。そして、舌に触れる瞬間の舌触りも、感じることができているよ。急いで、おいしいからガツガツ食べちゃうけどね。その中でも、しっかりと味を感じて、飲み込む瞬間が一番楽しいんだ！！　わーい！　だから、苦いのは苦手ね！　あと、ぼそぼそしてるパセリとかブロッコリーとかはあまり得意じゃない。よろしく！

どうですか？　きっと犬達はこんなふうに感じているのだと思います。そばでお料理の様子を見ている愛犬は心からワクワクしていることでしょう。

ジョニーは、わたしがごはんをつくっている間は、本当に、監督然として台所のガスレンジの下にじっとしていました。料理の間中、できるかなー、できるかなーと見つめています。でき上がるまでそこでじーっとしているのですから、なんとお利口さんな子だろう！

と、親バカ丸出しで感動していました。きっと、何ができるのかな～と楽しみにしていたのでしょう。

私の動きや音、でき上がりに近づくにつれ漂ってくるおいしそうな香り、それらを足元でずっと感じているのです。私と一緒に、料理をつくるチームの一員として、背後から監督してくれています。

それが、ガスレンジの火を止めるカチン、という音を聞くと、とたんに大騒ぎするのです！ さっきまでの静かな様子は見る影もありません。

「はやく！！今すぐ食べるー！！」とせかし出します。

「いや、まだ熱いからさ、ちょっと待ってね」

というのですが、食べるまでずっと大騒ぎなので、できるだけ早く食べさせるには……と、私もごはんを入れた器を水で冷やすという急速冷蔵の方法を考えました。早く早く、とせかされてあわてる私も、実は少し楽しいのです。

調理中から食べるまでの過程も、すべてお互いの癒やしの時間です。あなたも愛犬と、すべての工程に楽しみを見つけて、幸せな食事時間をつくっていただきたいと思います。

動物に癒やしの波動を送る「アニマルレイキ」

「レイキ」という手当て療法をご存知ですか？

レイキはもともと、大正時代にはじまった手当て療法で、臼井甕男（うすいみかお）先生によって開発されました。体調の優れない部分や、痛みのある箇所に手を当てる方法で、気功の一種です。

実は日本発祥のヒーリングテクニックなのですが、日本での知名度よりも海外のほうが高く、「靈氣（れいき）」が「ＲＥＩＫＩ」として注目され、アメリカやインドなどの海外で広がっています。今では世界６６０万人以上がレイキを行っているといわれ、カナダやドイツでは病院でも補完治療の一つとして利用されています。

現在は、臼井先生が開発した方法以外のルールも適用されており、時代や環境によって変化しています。さらなる変化、発展を遂げているといえるでしょう。

レイキはもちろん、人に対して行われる療法ですが、体調が優れなかったり、食欲がな

CUTE!

い動物たちにも施すことができます。アニマルレイキとは、人と人の間で行う「レイキ」を、飼い主とペットの間で行うために開発したものです。

アニマルレイキは、私が獣医師の観点から新たに考案しました。動物達とコンタクトをとることができて、気の巡りもよくなる方法です。動物に行うため、人に行うレイキとは少し違ったやり方で行います。

もともとレイキを習っていた私は、これは動物にも行えるのではないかと感じはじめました。

そもそも、獣医師として毎日病気の動物たちをみている中で、薬中心の治療法に疑問を持ちはじめていました。薬は即効性があり、的を射た治療ができるのですが、反面、薬を飲まないようになると、また病状が悪化することがあります。免疫力も下がり、対処が必要なため、ひどいときは、一生、薬を飲み続けなくてはいけないこともあります。

そのような動物達を見て、薬以外になにかサポートになる方法はないかと、常日頃から考えていたのです。その中で、出会ったレイキに私はピンときました。

さっそく、そのときに触れる機会のあった鹿や馬にレイキをしてみました。どの動物たちもとても喜んでくれているのがわかります。そしてとても、気持ちよさそうにリラックスしてくれます。

当時、健康管理のコンサルタントをしていた養豚場で、子豚たちに毎日レイキを行ってみたところ、体調の悪い子豚たちもどんどん元気になっていきます。そこで動物病院でも、サポート方法としてレイキを取り入れました。

アニマルレイキは動物たちに受け入れられていきました。アニマルレイキはとても簡単で誰にでもできますから、家庭でも愛犬に対して行ってもらいました。動物にレイキをしている時間は、飼い主にとっても愛あふれる癒やしの時間になり、活力が与えられます。アニマルレイキを行うと、動物と飼い主とのコミュニケーションが深まり、双方がとてもリラックスできる時間になります。心と体だけでなく、魂の癒やしタイムともなるのです。ここでは、拙著『ペットのための手当て療法』(小社刊)にあるアニマルレイキの方法を、かいつまんでご紹介します。飼い主と犬の双方にとって、食事の時間を究極のヒーリングタイムにすることができるでしょう。

アニマルレイキの準備

アニマルレイキの本格的な方法は、『ペットのための手当て療法』に書かれているので、より詳しく知りたい方はそちらをご覧ください。ここでは食事の前に犬に行う、簡易的なアニマルレイキの基本をご紹介します。

アニマルレイキを行う際、最初に飼い主自身がリラックスするように「発霊法」を行います。初霊法は次の順番で行います。

1　まずは正座をし、手のひらを上に向けて太ももに置きます。背筋を伸ばして骨盤を立てて肩の力を抜き、深呼吸をします（浄化呼吸法）。

2　深呼吸をしながら、続けて、足先からどんどん体の力を抜いていき、ふくらはぎ、太もも、お尻、お腹、背中、胸、肩、顔、頭と順に力を抜いていき、最終的に全身から力を抜

きます。顔や頭は力が抜きづらいため、指先で触れながら、筋肉が緩んでくるのを意識します。最後に腕の力を抜きます。

3　2を数分かけて行うと、手にエネルギーが集まってきます。続いて左右の手のひらを胸の前で合わせます（合掌）。両手から気（レイキ）が出てお互いの手に刺激を与えます。この気をじっくりと感じてください。

こうして飼い主自身がリラックスすると、犬もリラックスして体を触れられることを受け入れる体制を整えてくれます。

そして犬には「スペース法」を行います。今から犬に向かって、アニマルレイキをすることを伝えます。手のひらを犬にかざし、手からアニマルレイキが出ていることを伝えます。そうすると、自然と動物は自分の心地よい距離を保って落ち着いてくれます。犬が受け入れる態勢を整えるまで、しばらく待ってあげてください。レイキを感じてリラックスしてきたら、前段階の準備が整った状態です。これからさっそく、動物の体の各部位に手を当てて、アニマルレイキをしていきます。

発霊法

❶
正座をし、手のひらを上に向けて太ももに置く。姿勢を正して深呼吸し、全身の力を抜く。

❷
数分かけて行い、手にエネルギーが集まったところで合掌する。両手から出てくる気（レイキ）を感じる。

スペース法

アニマルレイキを行うことをペットに伝え、ペット自身がほどよい距離をとったところでレイキを送る。

アニマルレイキの基本的なやり方

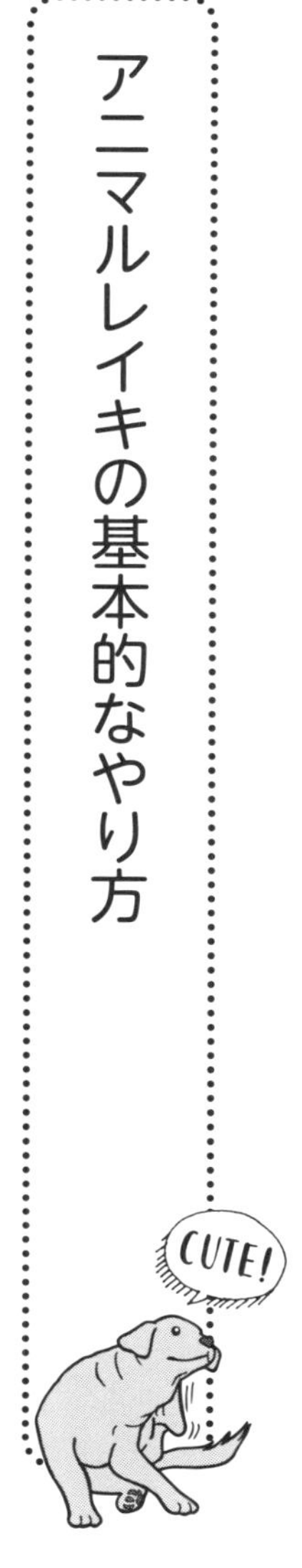

アニマルレイキは基本的に、頭のほうから尾に向かって手当てを行います。エネルギーは頭側に寄っていることが多いため、エネルギーを下におろすイメージで、手をやさしくあてていきます。

最初は、動物に向き合って、肩に両手を当てます。神経質な犬の場合は正面で向き合わないように、斜め前や横に座って行います。

犬が気持ちよさそうにしてきたら、次に後頭部や耳に両手を当てます。それから首に手を当てます。首は頭を支えたり、首輪をしていることで、疲れている部分です。少しずつ背中へと手を移動します。

背骨に沿って腰、お尻へと進んでいき、胸部、腹部、仙骨・鼠径(そけい)部へと手当てをしていきます。腹部や鼠径部は、お腹側からと背中側からとで、両手で挟んでもよいです。

ゆっくりゆっくりと手を滑らせてアニマルレイキを行います。背中側の腋から股関節に向かって両手を滑らせます。次に、背骨の上部からお尻側へずらしつつ、背骨全体にレイキをします。その後、後ろ足のつけ根から足の甲へ向けてもレイキをします。首や心臓、みぞおち、後頭部、耳、目、鼻など、体のあらゆる部分に手を当てて、ゆっくりとした時間をすごします。

リラックスすると、自分から伏せの状態になったり、途中で体を横たえたり、眠ってしまったりする犬もいます。犬の様子を見ながら手当ての長さや力加減を調節します。

アニマルレイキをしながら食事をあげる方法

触れながら癒やす方法

ごはんをあげながら、そばに付き添って、背中に軽く触れながら癒やす方法です。手を背中にそっと当ててください。ごはんを食べている間中、ずっと手を当てたままにします。そうすると、心地よいのと飼い主がそこにいる安心感から、癒やされながら食事をすることができます。トレーニングにも有効ですし、安心感を与える必要がある場合におすすめです。自由にしてあげたほうがよいときもありますので、いやがるようなら無理には行いません。

具合が悪いとき、食べないとき

食が細くて食べたがらないときにも、アニマルレイキは活躍します。食事を目の前に置いて、アニマルレイキをしてみましょう。背中に手を置いて寄り添います。さびしさが解

消されて、恐怖や嫌悪感が解放されていくのがわかります。

私が以前一緒に暮らしていた犬の小太郎は、一時期手術をして病院に入院していました。ある日、病院から「小太郎くんがまったくごはんを食べません」と連絡がありました。私はすぐに駆けつけて、食事を目の前にしているのに何も食べない小太郎に対し、アニマルレイキをしてみました。すると、突然バクバク食べはじめたのです！　それから私は毎日病院へ通って、アニマルレイキをすることにしました。

人に対してのレイキでも、安心感と鎮痛、体がリラックスするなどの効果が出て、体の状態がよくなります。動物たちも同じなのです。レイキを使える方はぜひやってみてくださいね。

食べ物に対してのレイキ

レイキには、すべての周波数の乱れを整える作用があるので、食事そのものにレイキをすることで、食べ物を癒やすことができ、食べたものを体になじみやすくすることができます。

これは、たとえば水が入ったコップの両脇を手でつつんでレイキを行うことで、水がおいしくなる方法です。それを応用し、直接触れられる食べ物には触れ、そうでないものは手をかざします。皿の上からでも十分レイキはできます。

愛のこもった食べ物を体内に取り入れることで、愛のエネルギーが犬にも伝わります。愛に満たされて幸せを感じ、その愛を飼い主にも返してくれます。

また、レイキヒーラーが愛をこめて料理をすることで、でき上がった食事にもレイキのよいエネルギーが入ります。ですから、気分よく、さらにレイキを意識して入れるだけで、よいエネルギーの食事になり、味がまろやかになります。手作りごはんをつくるときには意識して行ってみてください。格段においしい食事ができ上がります。

一緒にいてくれることへの感謝

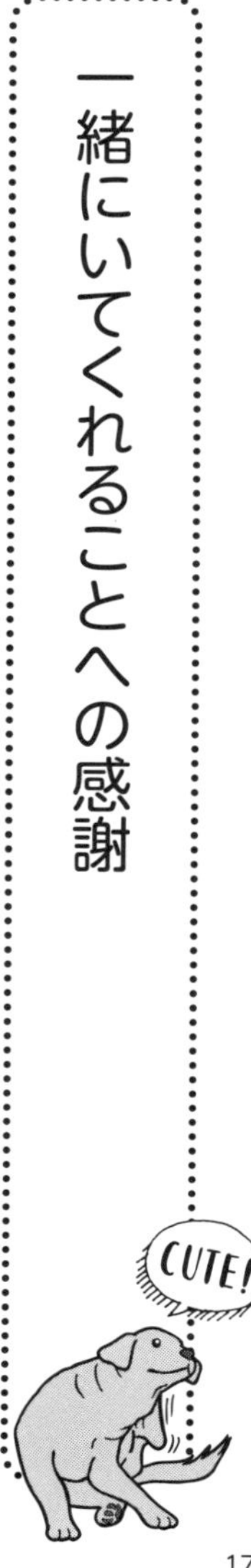

「犬に感謝しています」と多くの飼い主さんから聞きます。感謝の気持ちを抱くだけでも、人はさまざまな面でよい影響を得ます。免疫力が向上し、ポジティブな感情が生まれて幸福度がアップします。心身ともに癒やされて、安心を感じます。

しかし、それだけではありません。飼い主も犬も、ともに幸せを感じることができるのです。それは、感謝の気持ちを犬にも伝えることです。

実は、犬に感謝を伝えることは、飼い主や犬双方にとって素晴らしい相乗効果があるのです。「ありがとう、大好きだよ」という感謝の言葉を伝えることで、飼い主側のストレスが軽くなり、幸福感が増します。犬への肯定的な感情が、飼い主自身の満足感を高めるためです。感謝を伝えられた犬側は、認められたという喜びと、心の絆を感じて孤独感が減ります。

飼い主は、感謝の気持ちを心で感じているだけでなく、きちんと言葉に出しましょう。「ありがとう、ジョニー（犬の名前）」と口に出すことで、犬への感謝をより強く感じることができます。言葉にすると、感謝できるところをより多く探すようになり、さらなる感謝の念が増えていきます。

そして「感謝の気持ち」のすばらしいところは、その気持ちを心に抱くだけで、ストレス解消になる、ということです。飼い主のストレスを減らして心を穏やかにし、精神的にも安定します。

飼い主がリラックスしていると、見えないエネルギーで犬にもしっかりと伝わります。身近な人が幸せを感じていると、犬にとっても幸福感を増すことになり、健康面でもよい効果があります。

人は気持ちが落ち着いていると、他者への肯定感が高まるので、さらに動物へ優しく接したり、愛ある行動をしたりするようになります。そうやってどんどん相乗効果が広がり、その結果、飼い主と犬との信頼関係が高まっていくのです。

感謝の気持ちを犬へ伝えることで、心身ともに癒やされ、免疫力が高まり、犬が長生きになる大きな助けになります。

愛犬への気持ち

私はジョニーがいたから、本当に毎日が楽しかったです。ジョニーとの時間はかけがえのないものでした。ジョニーがそばにいた日々は、本当に愛の時間だったなあと思います。感謝であふれていました。いてくれるだけで私は元気になれました。

今、犬を飼っている方は、この愛あふれる時間をともに過ごしていることと思います。傍に寄り添ってくれる犬を愛おしいと思う気持ちは、たとえいなくなったとしても消えるものではありません。むしろ、その思いはより鮮明になるような気がしています。

ジョニーのふわっとした毛を触るのが大好きでした。頭をスリスリするのも大好きでした。ジョニーの存在に、ただただ感謝です。ジョニーがいて、長生きしてくれたおかげで、たくさんの方にアニマルレイキを知っていただき、たくさんの人に手作りごはんをはじめていただきました。

ジョニーを通じて、たくさんの方と出会う機会も得られました。本書を読まれているあなたも、犬の散歩で出会う人々と知り合いになるなど、犬がきっかけで新たな出会いを得たことも多いでしょう。

群れで暮らす生態をもつ犬は、飼い主を常に一番に考えてくれます。そして群れである家族を大好きでもいてくれます。犬という家族は人の人生に大いなる愛と喜びを、常に感じさせてくれる存在です。

犬は私たち人間と違って、いつもどんなときでも楽しそうですよね。犬はいつも、この瞬間を生きています。

どんな小さなことにも幸せを見つけ出し、その瞬間を全力で楽しむことができます。この姿勢を私たちは犬から学ぶことができます。

犬とのコミュニケーションや遊びの中で、私たちはストレスを解放し、心をリフレッシュすることができます。犬と一緒に散歩をすると、一人のときと違って本当に心が楽になります。

もちろん、ごはんも、大喜びで食べてくれます。本当に、おいしい、おいしい、といってくれているようです。こんなふうに、素直に感情を表現してくれると、また次、おいしいごはんをつくってあげようと思いますし、また一緒に遊びに行こうねって思います。

このように、犬達の感情表現から、私たちは自分を素直に表現することの重要性も学ぶことができます。

つい、素直になれない……。それが私たち人間。特に大人はそうですね。

私もジョニーがいなくなって、それまでジョニーと一緒だったから許せたことが許せなくなっている自分を感じることがあります。自分に対しても、物事に対しても閉鎖的なところを感じます。もちろん、自分で意識してよい状態にするのも大事ですが、ジョニーが私に与えていた影響はそれほど大きかったのかと、今、痛感しています。

また、心が開いているのか閉じているのかも、犬をはじめ、すべてのペット達にはわかるのでしょう。しかしペット達は飼い主の心が閉じているからといって、飼い主のことを裏切ったりしません。いつもそこにいてくれて、無償の愛をくれる存在です。せっかく犬がくれた学び、生かしていきたいですね。

ジョニーが長生きできた理由

健康的な生活のためには、心のケアが重要です。そのためには、お互いがお互いを認め合って、それぞれの長所を伸ばすことが必要です。弱い部分をカバーし合って、助け合いながら生きていけたら幸せです。人生の時間を一緒に歩く相棒と、そんな関係ができたら素敵だと思いませんか？　それは、人間であれ、動物であれ、素晴らしいことです。

もし、あなたとあなたの愛犬が、お互いにウィンウィンの関係を究極まで高めたらどうなるでしょう。きっと多幸感に包まれて、楽しく健康的な日々を過ごすことができるに違いありません。

あなたの愛犬の長所はどんなところですか。そしてあなたの長所は何でしょう。犬とコミュニケーションをとりながら、ぜひ話しかけてみてください。話し合い、学び合って、お互いの長所を伸ばし合っていくのです。

健康的な生活の一番の支えになるのは、犬が一緒にいることです。犬と過ごす毎日が、あなた自身を向上させます。もちろん、犬にとっても同じです。あなたと一緒に犬も「犬生」をより楽しんでいるでしょう。

そう考えたら、お互いの人生を楽しいものにするために、工夫をこらしたり、いろいろ冒険してみたいと考えますよね！


私とジョニーは、そんなウィンウィンの関係になれたと思います。

何度か、体調がすぐれず、このまま逝ってしまうのではないかと思うときもありました。でもジョニーは、私が一生懸命に声をかけて話をして、またこちらの世界へと戻ってきてくれました。

「逝かないで！」ではありません。

私は、ジョニーになんてお話ししたと思いますか？

「いやー、もうちょっと、一緒に楽しまない？　ジョニーがいないと、困っちゃうな～。お願いしますよ～」と話しかけました。いつも話しているように、ジョニーがもっと私と遊びたいなと思ってくれるように……。

そうすると、ジョニーの呼吸が落ち着いてきて、こちらへと戻ってきてくれたのです。苦しいのを無理して生きるのではなくて、生きることがとても楽しいことであることを思い出してもらうようにお話ししたのです。

そうして一緒に、少しで長く、一つでも多くの瞬間まで、一緒に楽しみつくそう！と、ともに暮らしてきました。そんなことを重ねていたら、ジョニーはいつの間にか21歳になっていました。亡くなる一週間前も歩いていたジョニー。生きようというパワーにあふれていました。アニマルレイキという仕事を通じて、ジョニーと私は最高の関係を紡ぐことができたと思います。そこには、アニマルレイキを2人でつくっていったこと、ジョニーが1000人以上の方と出会ってアニマルレイキを伝えたことの「生きがい」と、毎日のおいしい手作り食がありました。

もしかしたら、ジョニーには、「手作りごはん＝ごほうび」だったのかもしれません。私は、この2つでつながれたことで、毎日をジョニーと楽しむことができました。

ジョニーは晩年、体調が悪くなってもリハビリをがんばっていました。ジョニーがあちらの世界へと旅立つことを決める日は、最終的にはジョニーにお任せでした。それまでは、一緒の時間をただただ楽しみ、一人と一匹でできることは、なんでもしました。ジョニーの旅立ちの日はジョニーが決める、それが私たちの信頼関係の生んだ約束です。

すべては、一瞬一瞬をともに楽しむために。ジョニー、幸せな時間をありがとう。心から感謝します。

コラム

愛犬に生きがいを与える

愛犬が長生きするためには、健康的で楽しい暮らしが大切です。しかし、「生きがい」を与えることで、さらに犬の人（犬）生が充実するのをご存知ですか?

愛犬の体験が豊かになり、彼らの自己肯定感も高まります。愛犬が人間のパートナーとして役立つことを認識し、その目はキラキラと輝きます。


我が家にジョニーがやってきた日から、アニマルレイキのデモンストレーション犬として、そしてアニマルレイキの先生としても、生徒さん一人ひとりにフィードバックをわかりやすく示してくれました。

仕事の日が近づくと、ジョニーは目を輝かせて「今日はお仕事だよね！ ボクがんばるよ！」と言わんばかりにソワソワしだします。本当に頼もしい存在です。ジョニーは、うちの子になってから晩年まで、ずっとみんなの先生として活躍してくれました。その存在に感謝しています。

セラピードッグや介助犬、盲導犬、介添犬など、さまざまな仕事を持つ犬がいますが、家で家族を癒やしながら何かしらの仕事を与えると、犬の一生は素晴らしいものになります。人と通じ合い、魂のレベルが高い一生を過ごすことができるのです。

晩年になって体の自由がきかなくなってくると、「もうボク、いいよね、いても邪魔だよね……」と感じることがあったかもしれません。けれど、ジョニーに「もっといてよ、いるだけでみんなの先生だよ」と繰り返し伝えていました。

すると、「もう少し、ここにいようかな」と思ってくれたように感じます。ジョニーは我が家に来て、ただの居候（いそうろう）ではなく、「アニマルレイキティーチャー」としての新しい犬生を送りました。ジョニーの使命を生きたのだと思います。

コラム

ペットを失った悲しみを癒やす「グリーフケア」

ペットとの別れは考えたくないことです。私もジョニーがいなくなるなんて信じられませんでした。ジョニーのためにアニマルレイキや手作りごはんなどいろいろ試みましたが、その日はやってきてしまいました。ジョニーとのお別れの日には、体をきれいにし、お花を飾ってお葬式をし、虹の橋を渡るのを見送りました。

問題はそのあとでした。ジョニーが亡くなったあともアニマルレイキで彼の存在を感じ、心の交流をしていました。しかし、実際の散歩や食事作りという日常はなくなってしまったため、喪失への悲しみと向き合うことになりました。

見た目は元気にしていましたが、私の心は砂漠のように乾いていました。こんなときに大切なことは、大好きな子のことを話せる場を持つことです。

あなたにはペットを亡くした悲しみについて安心して話せる人がいますか？　ペットロスに苦しむ方も多いことから、最近はペットロスのためのグリーフケア専門士もいます。一人で抱え込まず、相談できる仲間や専門家を頼ることを心よりおすすめします。

犬の体重別 1 日の必要エネルギー量

体重 (kg)	生後 4 ヶ月	4 ヶ月〜1 年	成犬（避妊去勢済み）	成犬（避妊去勢なし）	7 歳以上の中高齢犬（避妊去勢済み）	7 歳以上の中高齢犬（避妊去勢なし）
1	300	200	160	180	120	140
2	390	260	208	234	156	182
3	480	320	256	288	192	224
4	570	380	304	342	228	266
5	660	440	352	396	264	308
6	750	500	400	450	300	350
7	840	560	448	504	336	392
8	930	620	496	558	372	434
9	1020	680	544	612	408	476
10	1110	740	592	666	444	518
11	1200	800	640	720	480	560
12	1290	860	688	774	516	602
13	1380	920	736	828	552	644
14	1470	980	784	882	588	686
15	1560	1040	832	936	624	728
16	1650	1100	880	990	660	770
17	1740	1160	928	1044	696	812
18	1830	1220	976	1098	732	854
19	1920	1280	1024	1152	768	896
20	2010	1340	1072	1206	804	938
21	2100	1400	1120	1260	840	980

体重 (kg)	生後４ヶ月	４ヶ月～1年	成犬（避妊去勢済み）	成犬（避妊去勢なし）	7歳以上の中高齢犬（避妊去勢済み）	7歳以上の中高齢犬（避妊去勢なし）
22	2190	1460	1168	1314	876	1022
23	2280	1520	1216	1368	912	1064
24	2370	1580	1264	1422	948	1106
25	2460	1640	1312	1476	984	1148
26	2550	1700	1360	1530	1020	1190
27	2640	1760	1408	1584	1056	1232
28	2730	1820	1456	1638	1092	1274
29	2820	1880	1504	1692	1128	1316
30	2910	1940	1552	1746	1164	1358
31	3000	2000	1600	1800	1200	1400
32	3090	2060	1648	1854	1236	1442
33	3180	2120	1696	1908	1272	1484
34	3270	2180	1744	1962	1308	1526
35	3360	2240	1792	2016	1344	1568
36	3450	2300	1840	2070	1380	1610
37	3540	2360	1888	2124	1416	1652
38	3630	2420	1936	2178	1452	1694
39	3720	2480	1984	2232	1488	1736
40	3810	2540	2032	2286	1524	1778
50	4710	3140	2512	2826	1884	2198
60	5610	3740	2992	3366	2244	2618

おわりに　「そして虹の橋を渡ったジョニーへ」

ジョニーとの毎日には、私が必ずごはんをつくるという日課がありました。
ジョニーは、私が台所に立つと、今日はどんなごはんなんだろう?とわくわくしながら、監督をしにきます。足元にくっついているときもあれば、少し離れて、ワン!と、ときどき鳴きながら、楽しみにして見守っているときもありました。

きっと、私の料理をする背中を見て、いつも心いっぱい満たされていたのでは、と思います。

そんなジョニーとの時間は、今も私の心の中で生き続けています。食事の時間を通して、ジョニーと最高の関係をつくれたからこそ、ジョニーは21歳まで生きてくれたのだと思います。

毎日の食事にいっぱいの愛が入っていて、それを食べることで、愛に満たされる。食事をつくる行為そのものが、愛の行為=ラブアクション、であったのです。

今日はどんなふうに喜ぶかな、特別に入れたおかずに、どんな反応をするのかな?　今日は、さけだよ~!　今日は、ステーキだよ!　と話しかけながら、お互いの喜びを共有

おわりに

することができる、かけがえのない時間でした。

毎日2回の食事。この時間は単なる食事の時間ではありません。犬に愛を渡すこと。それこそが、私たち飼い主を癒やしてくれる犬への感謝になると思いますし、この喜びを、多くの飼い主さんと愛犬に、体験してほしいことだと思っています。


犬のごはん作りは、本書のとおり簡単です。食べてはいけない食材だけ気をつけて、あとは楽しみながら食材を変えていったらよいだけです。ぜひ、食事を通して、本を手にとっていただいているあなたと愛犬との「愛の時間」を体験していただけたら幸いです。

犬を愛する方なら、「うちの子」の生きがいについて考えたことはあると思います。生きがい作りで飼い主ができることの大きな一つが、「食事をつくること」だと思います。

特に、犬は、人が食べる食材の多くを一緒に食べることができる動物です。ぜひ、食事の時間を、家族団らんの1ページとして、加えてあげてください。

最後に、ジョニーを愛してくださった、たくさんの皆様、心より感謝いたします。

令和6年7月

獣医師　福井利恵

参考文献

『小動物の臨床栄養学　第５版』
株式会社エデュワードプレス

『新食品・栄養科学シリーズ　基礎栄養学　第４版』
灘本 知憲・仲佐輝子編　化学同人

『かしこく摂って健康になる　くらしに役立つ栄養学【第２版】』
新出真理監　ナツメ社

『図解入門よくわかる最新食品添加物の基本と仕組み』
松浦寿喜著　秀和システム

『運動・からだ図解　栄養学の基本』
渡邊昌監著　マイナビ出版

『ペットのための手当て療法　獣医師が教えるアニマルレイキ』
福井利恵著　小社刊

『自分の手が動物を癒やすアニマルレイキ』
福井利恵著　仁科まさき編　デザインエッグ社

参考サイト

獣医師会会報 HP「ぶどう中毒を発症した犬の考察」
岩獣会報 Vol. 44（No.2）, 63-65（2018）
https://www.ivma.jp/promotion/magazine/document/44-2/02_44_2_clinicalreport.pdf

環境省 HP「動物の愛護と適切な管理」
view-source:https://www.env.go.jp/nature/dobutsu/aigo/index.html

福井利恵（ふくい　りえ）

獣医師。一般社団法人 日本獣医ホメオパシー学会（JAVH）認定獣医師。一般社団法人アニマルレイキ協会代表理事。直傳靈氣®師範。息吹呼吸法®指導者。Shelter Animal Association Teacher。ドイツパウルシュミット式バイオレゾナンスセラピスト®(振動療法師)。アニマルコミュニケーター。動物鍼灸師。株式会社アニマルプレジャー代表取締役。
畜産コンサルタント獣医師として養豚場、厩舎での家畜の健康管理等を経て、現在はJAVHの認定医として、株式会社アニマルプレジャーが運営している動物病院、アニマルレイキセンターで治療にあたっている。動物の自然治癒力を引き出す治療法を行うため、アニマルレイキやアニマルコミュニケーションを駆使し、また中国でも特殊な鍼技術である「火鍼（焼いた鍼を一瞬で貫く鍼灸治療)」なども用いる。著書に『ペットのための手当て療法』（小社刊)。

一般社団法人アニマルレイキ協会
http://animalreikiassocation.org/
本書で使用している「アニマルレイキ」は、著者福井利恵氏が商標権利者ですが、一般社団法人アニマルレイキ協会に使用許諾をしています。

ペット長生き総研
https://animalloversnet.org
本書で使用している「アニマルレイキ」は、著者福井利恵氏が商標権利者ですが、一般社団法人アニマルレイキ協会に使用許諾をしています。

購入特典！

ペット食育・健康ヒーリングセミナー動画

本書を購入くださった方に、著者の福井利恵先生によるペットのための栄養のさらに詳しい解説と、ペットが喜ぶレシピの講座動画をプレゼントします！
https://resast.jp/inquiry/ZWUxYmQwMTI4M

獣医師が教える
長生き愛犬ごはん

2024年9月12日　初版第1刷発行

著　者　福井利恵
発行者　東口敏郎
発行所　株式会社BABジャパン
〒151-0073 東京都渋谷区笹塚1-30-11　4・5F
TEL　03-3469-0135　　FAX　03-3469-0162
URL　http://www.bab.co.jp/
E-mail　shop@bab.co.jp
郵便振替　00140-7-116767
印刷・製本　中央精版印刷株式会社

ISBN978-4-8142-0637-7　C2077

執筆協力　佐藤美恵
イラスト　月山きらら（AGIデザイン）
デザイン　石井香里